高烈度区
复杂超限工程案例解析

王洪臣◎编著

中国建筑工业出版社

图书在版编目（CIP）数据

高烈度区复杂超限工程案例解析 / 王洪臣编著.
北京 ：中国建筑工业出版社，2024. 10. -- ISBN 978-7-
112-30469-1

Ⅰ. TU

中国国家版本馆 CIP 数据核字第 2024Q7T070 号

　　本书侧重高烈度区复杂超限工程计算分析和设计的具体操作流程，以及针对超限问题的技术处理措施，结合实际工程案例，具有很强的指导性和实用性。本书共分为 3 章。第 1 章重点介绍超限全钢超高层结构的计算分析，包括高位悬挑结构的竖向地震作用、悬挑区桁架支撑对二道防线结果的影响、核心筒支撑的布置方案等内容。第 2 章详细介绍带有长悬挑、超长连体的全钢结构超限工程的计算分析与设计，包括行波效应分析、舒适度验算、防连续倒塌计算、施工验算、竖向地震作用计算、温度作用计算、弹塑性时程分析等内容。第 3 章重点介绍了由不等高柱组成的整体结构的抗震计算，包括柱计算长度和长细比的确定、层间位移角的计算、构件性能化设计与损伤、曲面网架屋面的设计等内容。

　　本书可供工程技术人员阅读参考，也可作为高等院校土建类专业的辅助教材。

责任编辑：刘瑞霞　　梁瀛元
责任校对：赵　　力

高烈度区复杂超限工程案例解析
王洪臣　编著

*

中国建筑工业出版社出版、发行（北京海淀三里河路 9 号）

各地新华书店、建筑书店经销

国排高科（北京）人工智能科技有限公司制版

建工社（河北）印刷有限公司印刷

*

开本：787 毫米×1092 毫米　1/16　印张：16　字数：396 千字

2024 年 10 月第一版　　2024 年 10 月第一次印刷

定价：**78.00** 元

ISBN 978-7-112-30469-1

（43860）

前　言

过去十年，随着社会经济的高速发展，各类功能综合、造型复杂、意义重大的建筑随之大量出现，这类建筑往往为所在地的地标，具有较大的社会影响。如何保证这些建筑物在地震作用下，特别是处于高烈度设防区时的安全性，是设计过程中必须考虑的重点。同时，此类建筑由于具有上述特点，其设计与施工过程中经常会出现诸多超出规范限制的疑难问题，解决好这些问题，对建筑物的安全性至关重要。鉴于此，本书通过对三个高烈度区的典型超限工程案例进行详细分析总结，给出此类工程所包含问题的解决方案和途径，以期帮助提高设计人员的实际应用能力，进而大力推动结构抗震技术的发展。

本书共分为 3 章：

第 1 章介绍了西咸金贸起步区 1-A 楼，其为建筑高度 150m 的钢框架-钢支撑核心筒全钢结构体系的超高层工程，针对不规则超限项，采取相应的加强措施。对高位悬挑结构的竖向地震作用、"零楼板"假定下的悬挑桁架受力状态进行了多层面的分析，梳理了悬挑区桁架的支撑对二道防线结果的影响，优化核心筒支撑的布置方案，并对整体结构进行弹塑性时程分析。

第 2 章对长安云工程进行了详细的介绍，包括：结构方案的确定、多项不规则超限项的应对措施、62m 长悬挑和 150m 大跨连接体的结构布置方案、舒适度验算与 TMD 设置、行波效应对超长结构的内力影响、超过 4000t 的连接体整体提升施工验算、防连续倒塌计算分析、温度作用下的附加内力、典型节点的有限元数值模拟等内容。

第 3 章详细介绍了长安书院项目的结构设计，内容包括：多项不规则超限项的应对措施、屈曲模态法对不等高钢柱计算长度与长细比的确定、整体不等高柱楼层的层间位移角计算分析、构件性能化设计、屋面带有长悬挑的曲面网架布置方案与受力分析、构件在中震和大震作用下的损伤情况等。

本书作者王洪臣为各章节的主要撰写人，同时还有其他人员参与编写：第 1 章参编者是张涛、武红姣；第 2 章参编者是卢骥、郜京锋、尹龙星；第 3 章参编者是张涛、王磊、周文兵；最后由王洪臣统稿。本书编写过程中参考了多位专家、学者的资料，在此对他们表示敬意和感谢！同时也感谢各位参编者在书写过程中给予的指导和帮助。

本书侧重高烈度区复杂超限工程计算分析和设计的具体操作流程，以及针对超限问题的技术处理措施，结合实际工程案例，具有很强的指导性和实用性。本书可供工程技术人员阅读参考,也可以作为高等院校土建类专业的辅助教材。

复杂超限工程计算分析和设计的技术内容丰富,本书仅通过个别实际案例对其部分内容进行论述,不能做到面面俱到。同时,由于编者的经验和水平有限,书中还存在不少缺点甚至错误,敬请读者批评和指正,以便及时改正完善。

目　录

第 1 章

西咸金贸起步区 1-A 楼

1.1　工程概况

西咸新区 2A-2、2B-2、3A-3 地块位于西咸新区能源金贸区内，北临能源三路，南临能源二路，东侧为城市主要干道上林路，西侧为金融一路。地块由 L 形园区道路划分为四栋主要建筑分别为 1-A、1-B、1-C、1-D，其重要功能为办公、商业及酒店。本次设计主要针对其中的 1-A 楼，功能为超高层写字楼。地下室为地下车库及配套机房，地上为办公。

本建筑为一类高层，总建筑面积 58080m²，标准层尺寸约 44.1m×44.1m，结构高宽比 3：1。外围框架柱距为 6.2m，外围柱与核心筒之间距离为 12.4m，建筑总高度 136.1m，地上 30 层，地下 2 层，其中 1、2 层层高 6m，标准层层高 4.2m，在 11、22 层设置 2 个避难层。在 23～25 层向东、南方向悬挑 10m，同时西、北侧凹进，形成体块交错的标志性形象。如图 1.1-1 所示。

图 1.1-1　建筑实景图

1.2　设计依据

1.2.1　有关本项目的审批文件，建筑、设备工种提供的资料及要求

1.2.2　设计规范、规程、标准

（1）《工程结构可靠性设计统一标准》GB 50153—2008
（2）《建筑工程抗震设防分类标准》GB 50223—2008

（3）《建筑抗震设计规范》GB 50011—2010（2016 年版）

（4）《建筑结构荷载规范》GB 50009—2012

（5）《高层建筑混凝土结构技术规程》JGJ 3—2010

（6）《混凝土结构设计规范》GB 50010—2010（2015 年版）

（7）《建筑地基基础设计规范》GB 50007—2011

（8）《湿陷性黄土地区建筑规范》GB 50025—2004

（9）《钢骨混凝土结构技术规程》YB 9082—2006

（10）《钢管混凝土结构技术规范》GB 50936—2014

（11）《高层民用建筑钢结构技术规程》JGJ 99—2015

（12）《钢结构设计规范》GB 50017—2003

（13）《型钢混凝土组合结构技术规程》JGJ 138—2001

（14）《高层民用建筑设计防火规范》GB 50045—95（2005 年版）

（15）《低合金高强度结构钢》GB/T 1591—2008

（16）《建筑结构用钢板》GB/T 19879—2005

（17）《碳素结构钢》GB/T 700—2006

（18）《厚度方向性能钢板》GB/T 5313—2010

（19）《中国地震动参数区划图》GB 18306—2015

（20）《建筑工程设计文件编制深度的规定》建质〔2008〕216 号

（21）《超限高层建筑工程抗震设防专项审查技术要点》建质〔2015〕67 号

后文中所依据的规范、规程、标准，若无注明其版本号时，皆以上文所述为准。

1.2.3　主要参考资料

（1）《全国民用建筑工程设计技术措施〈结构〉》。

（2）《钢结构设计手册（第三版）》《建筑抗震设计手册（第二版）》等。

（3）信息产业部电子综合勘察研究院 2016 年 5 月提供的《西咸新区山水实业有限公司丝绸之路世界贸易中心　岩土工程勘察报告》（详勘）。

（4）西安长大公路工程检测中心 2016 年 6 月提供的《丝绸之路世界贸易中心　风洞试验研究》（报告编号：BG-2016-QL-JS 0777）。

1.2.4　建筑结构安全等级和设计使用年限

结构控制指标见表 1.2-1。

结构控制指标　　　　　　　　　　　　　　　　　　　　　　表 1.2-1

项目	指标
建筑结构安全等级	二级
设计使用年限	50 年
结构设计基准期	50 年

1.3 材料

1.3.1 钢材

本工程中的框架梁、柱和抗侧力支撑等主要抗侧构件，其钢材的抗拉性能、屈强比和冲击韧性的要求应符合《高层民用建筑钢结构技术规程》(以下简称《高钢规》)第 4.1.4 条的规定。结构中使用的钢材牌号以及钢材强度设计值如表 1.3-1、表 1.3-2 所示。

钢结构用钢材牌号 表 1.3-1

构件	板（壁）厚	钢材牌号	产品标准
框架梁、柱、支撑、肋板、连接板	<40mm	Q345C	GB/T 1591—2008
	≥40mm	Q345GJCZ15	GB/T 19879—2005
次梁		Q345B	GB/T 1591—2008
锚栓		Q235	GB/T 700—2006
悬挑桁架	≥40mm	Q390GJC	GB/T 19879—2005

注：钢板厚度不小于 60mm 时，其沿板厚方向的断面收缩率不应小于 Z25 级的允许限值。

钢材强度设计值 表 1.3-2

牌号	厚度或直径/mm	抗拉、抗压、抗弯 f/（N/mm²）	抗剪 f_v/（N/mm²）	端面承压（刨平顶紧）f_{ce}/（N/mm²）
Q235	≤16	215	125	320
Q345	≤16	310	175	400
	>16，≤40	295	170	
Q345GJC	>16，≤50	325	190	415
	>50，≤100	300	175	
Q390GJC	>35，≤50	342	197	417
	>50，≤100	333	192	

注：以上按《高钢规》规定取值。

1.3.2 钢筋

各构件钢筋类别见表 1.3-3。

各构件钢筋类别 表 1.3-3

构件	梁柱纵筋	梁柱箍筋	板中钢筋	其他部位构造钢筋
钢筋类别	HRB400	HRB400	HRB400	HPB300

1.3.3 混凝土

各构件混凝土强度等级见表 1.3-4。

各构件混凝土强度等级 表 1.3-4

构件	基础垫层	基础	地下室外墙	楼板	钢管混凝土柱
强度等级	C15	C40	C35	C35	C40～C60

1.4 荷载

1.4.1 风荷载及雪荷载

根据《建筑结构荷载规范》(以下简称《荷载规范》)，风荷载及雪荷载按 50 年重现期确定(表 1.4-1)。本项目在 23～25 层有大悬挑及内凹，体型不规则，根据《高钢规》第 5.2.7 条，为了准确计算风荷载及各参数，对建筑进行了风洞试验。

风荷载及雪荷载 表 1.4-1

荷载	项目	指标
风荷载	基本风压	$0.35kN/m^2$
	地面粗糙度	B 类
	体型系数	1.3
	阻尼比	0.02
雪荷载	基本雪压	$0.25kN/m^2$

注：承载力计算时，基本风压放大 1.1 倍。

建设方委托长安大学公路工程检测中心对该建筑进行了风洞试验。试验模型根据建筑图纸以 1∶200 的缩尺比例准确模拟了建筑外形，以反映建筑外形对表面风压分布的影响。风洞试验模型和风向角如图 1.4-1 所示。

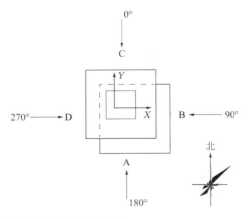

图 1.4-1 风洞试验模型和风向角

建设风洞试验考虑了 24 个风向角，角度间隔为 15°，模拟了 0～360°风向角的情况。模型分为 11 个区域进行测压，共设测点 420 个。由风洞试验结果可知：

（1）本结构 10 年重现期对应的 30 层（允许人员到达的最顶层）最大加速度响应为：X 向峰值加速度发生在 255°风向角，为 -0.137m/s^2；Y 向峰值加速度发生在 330°风向角，为 0.142m/s^2；最大总加速度峰值发生在 330°角，为 0.181m/s^2。加速度峰值均小于 0.28m/s^2 的限值条件，故结构顶层的峰值加速度满足舒适度的要求。

（2）结构的顶点位移最大值为：X 向峰值发生在 300°的风向角，为 -5.21cm；Y 向峰值发生在 330°的风向角，为 -5.33cm；总位移峰值发生在 330°的风向角，为 6.61cm。上述位移峰值均小于结构总高度的千分之一（14.45cm），满足《高钢规》第 3.5.2 条的要求。

（3）结构在悬挑区域的竖向风压体型系数均为吸力，结构计算中考虑最不利的向下风压进行组合，不考虑向上的风吸力。

（4）结构底层 100 年重现期对应的底层最大内力值为：X 轴向峰值剪力发生在 300°风向角，为 -8160kN；Y 轴向峰值剪力发生在 315°风向角，为 -8160kN；绕 X 轴峰值倾覆力矩发生在 300°风向角，为 -49000kN·m；绕 Y 轴峰值倾覆力矩发生在 315°风向角，为 -49000kN·m；绕 Z 轴峰值扭矩发生在 345°风向角，为 -32900kN·m。倾覆力矩值小于按照规范计算所得的值。两个方向的楼层剪力与规范风荷载计算结果接近（规范计算值：X 向 7917kN，Y 向 7713kN）。风荷载作用远小于地震作用，风荷载对设计不起控制作用。因此本结构仍然采用规范风荷载的参数进行设计，并根据风洞试验结果对 X、Y 向风荷载进行放大，放大系数取 1.06。

1.4.2　地震作用

根据《高钢规》第 5.3.1 条的规定，本工程存在长悬臂结构（悬挑桁架部分），8 度抗震设计时，除考虑水平地震作用外，尚应计入竖向地震作用。竖向地震应使用反应谱分析计算，且竖向地震作用标准值不宜小于结构承受的重力荷载代表值与《高钢规》表 5.5.3 规定的竖向地震作用系数的乘积。本工程所在地设防烈度为 8 度，基本地震加速度为 0.2g，故竖向地震作用系数为 0.10。

根据《建筑抗震设计规范》（以下简称《抗规》）、《中国地震动参数区划图》及地勘报告所述，本工程设计时所取用的地震参数与指标按表 1.4-2 采用。

地震参数与指标

表 1.4-2

项目		指标
建筑工程抗震设防分类		标准设防类
地震参数	抗震设防烈度	8 度
	场地类别	Ⅲ类
	设计地震分组	第二组
	基本地震加速度	0.2g
	特征周期（大震）	0.48s（0.6s）

项目		指标
水平地震影响系数最大值	小震	0.16
	中震	0.45
	大震	0.90
地震峰值加速度	小震	70cm/s²
	中震	200cm/s²
	大震	400cm/s²
结构阻尼比	小震	0.03
	中震	0.03
	大震	0.05

注：1. 结构阻尼比根据《高钢规》第 5.4.6 条和《钢管混凝土结构技术规范》第 4.3.9 条采用。
　　2. 特征周期是按照第一次抗震设防专项审查意见采用内插所取得的数值。

1.4.3　使用荷载

1.4.3.1　恒荷载

根据建筑要求及面层、墙体做法，恒荷载标准值（**不含结构梁板自重，其自重由程序自动计算**）见表 1.4-3。

恒荷载标准值　　　　　　　　　　　　　　表 1.4-3

分类	建筑功能区	恒荷载值/（kN/m²）	备注
面载	普通楼面（5cm 厚面层）	1.0	
	架空地板	1.0	找平层 0.6cm，网络地板 0.4cm
	卫生间	2.5	找平层与面层共 12cm
	吊顶	1.0	包含各类管道自重
	避难层	1.0	
	普通屋面	4.0	上人
	800cm 厚种植屋面	14.5	满铺于 23 层上人屋面
线载	填充墙体	1.8	10cm 轻质墙板，加双面抹灰
	玻璃幕墙	1.0	根据龙骨大小，适当调整
	电梯井道、楼梯间	2.0	200mm 厚砌块，加双面抹灰，砌块重度不大于 6kN/m³

1.4.3.2　活荷载

楼面均布活荷载标准值按《荷载规范》取值，设计基准期为 50 年。活荷载标准值见

表 1.4-4。

活荷载标准值
表 1.4-4

建筑功能区	活荷载值/（kN/m²）
办公室（考虑隔墙的灵活布置）	2.0（3.0）
会议室	2.0
走廊、门厅	3.5
楼梯间	3.5
避难层	3.5
空调机房、通信机房、风机房	7.0
配电间、档案	5.0
一层施工荷载	4.0
地下一层停车库（考虑施工荷载）	4.0
种植屋面	3.0
普通屋面（上人）	2.0

1.4.4　荷载组合

非抗震组合：

（1）$1.2D + 1.4L$

（2）$1.35D + 1.4 \times 0.7L$

（3）$1.2D + 1.4 \times 0.7L \pm 1.4W$

（4）$1.2D + 1.4L \pm 1.4 \times 0.6W$

（5）$1.0D + 1.4 \times 0.7L \pm 1.4W$

（6）$1.0D + 1.4L \pm 1.4 \times 0.6W$

其中：D 为永久荷载效应标准值；

L 为活荷载效应标准值；

W 为风荷载效应标准值。

抗震组合：

（1）$1.2G \pm 1.3E_h$

（2）$1.2G \pm 1.3E_v$

（3）$1.2G \pm 1.3E_h \pm 0.5E_v$

（4）$1.2G \pm 0.5E_h \pm 1.3E_v$

（5）$1.2G \pm 1.3E_h \pm 0.28W$

（6）$1.2G \pm 1.3E_h \pm 0.5E_v \pm 0.28W$

（7）$1.2G \pm 0.5E_h \pm 1.3E_v \pm 0.28W$

其中：G 为重力荷载代表值的效应；

E_h 为水平地震作用标准值的效应；

E_v 为竖向地震作用标准值的效应。

1.5 地基及基础工程

1.5.1 地形、地层分布及特性

1.5.1.1 地形、地貌

拟建场地地势基本平坦，勘探点孔口标高介于 380.88～382.30m 之间，平均标高 381.50m，相邻钻孔孔口相对高差不大于 1.0m。

地貌单元属渭河右岸Ⅰ级阶地。

1.5.1.2 地层结构

地层结构见表 1.5-1，各主要土层的地基承载力特征值及压缩模量见表 1.5-2。

地层结构　　　　　　　　　　　　表 1.5-1

土层编号	土层描述
素填土①Q_4^{ml}	含少量砖瓦、碎屑等，厚度 0.30～3.50m
细砂②Q_4^{lal}	稍密，该层顶部夹黄土状土②₁，层底埋深 4.00～5.30m
黄土状土②₁Q_4^{lal}	坚硬为主，具大孔层底埋深 1.00～4.10m
细砂③Q_4^{lal}	中密，矿物成分以石英、长石为主，该层下部夹粉质黏土③₁，层底埋深 6.00～11.90m
粉质黏土③₁Q_4^{lal}	可塑为主，该层在场地内以薄层或透镜体形式出现，层底埋深 8.20～12.50m
粗砂④Q_4^{lal}	密实，该层夹粉质黏土④₁，层底埋深 17.90～19.80m
粉质黏土④₁Q_4^{lal}	可塑为主，该层在场地内以薄层或透镜体形式出现，层底埋深 14.00～19.80m
粗砂⑤Q_3^{al}	饱和，密实，层底埋深 29.90～33.40m
粗砂⑥Q_3^{al}	密实，该层中上部夹粉质黏土⑥₁，层底埋深 40.50～42.50m
粉质黏土⑥₁Q_3^{al}	可塑为主，该层在场地内以薄层或透镜体形式分布，层底埋深 31.50～35.00m
粗砂⑦Q_3^{al}	饱和，密实，层底埋深 52.00～54.00m
粉质黏土⑧Q_2^{al}	可塑为主，厚度 1.10～5.80m，层底埋深 54.00～59.20m
粗砂⑨Q_2^{al}	饱和，密实，该层内局部分布有粉质黏土⑨₁，层底埋深 64.00～71.40m
粉质黏土⑨₁Q_2^{al}	硬塑为主，该层在场地内以薄层或透镜体形式分布，层底埋深 67.60～70.60m
粗砂⑩Q_2^{al}	饱和，密实，层底埋深 85.80～86.00m
粗砂⑪Q_2^{al}	饱和，密实，层底埋深 100.50～105.00m
粉质黏土⑪₁Q_2^{al}	可塑为主，该层在场地内以薄层或透镜体形式分布，层底埋深 96.40～106.60m
粗砂⑫Q_2^{al}	饱和，密实，该层在本次勘察勘探深度范围内未揭穿，最大揭露厚度 15.50m
粉质黏土⑫₁Q_2^{al}	褐黄色，可塑为主，该层在场地内以薄层或透镜体形式分布，最大揭露厚度 1.40m

各主要土层的地基承载力特征值及压缩模量　　　　表 1.5-2

土层编号	压缩模量/MPa	承载力特征值/kPa	土层编号	压缩模量/MPa	承载力特征值/kPa
细砂②Q_4^{1al}	15	140	粗砂⑦Q_3^{al}	35	260
黄土状土②$_1Q_4^{1al}$	7.0	140	粉质黏土⑧Q_2^{al}	7.2	210
细砂③Q_4^{1al}	20	160	粗砂⑨Q_2^{al}	35	280
粉质黏土③$_1Q_4^{1al}$	5.0	150	粉质黏土⑨$_1Q_2^{al}$	7.0	220
粗砂④Q_4^{1al}	25	180	粗砂⑩Q_2^{al}	35	300
粉质黏土④$_1Q_4^{1al}$	5.2	160	粗砂⑪Q_2^{al}	40	320
粗砂⑤Q_3^{al}	30	210	粉质黏土⑪$_1Q_2^{al}$	7.3	230
粗砂⑥Q_3^{al}	30	230	粗砂⑫Q_2^{al}	45	320
粉质黏土⑥$_1Q_3^{al}$	8.1	170	粉质黏土⑫$_1Q_2^{al}$	7.1	230

1.5.1.3　场地岩土工程评价

湿陷性：拟建场地各土样自重湿陷系数均小于 0.015，故判定拟建场地为非自重湿陷性黄土场地。本项目基底下已无湿陷性黄土层，故地基可按一般地区规定设计。

液化：场地 20.0m 深度范围内分布的饱和砂土不液化，可不考虑液化影响。

地下水：场地地下水属孔隙潜水类型，稳定水位埋深 14.50～15.80m，相应标高 366.20～366.63m，勘察期间场地地下水属平水位期，水位年均变幅一般为 2～3m。

腐蚀性：拟建场地环境类型为 Ⅱ 类。场地内地下水对混凝土结构具有微腐蚀性，在干湿交替条件下，地下水对钢筋混凝土结构中的钢筋具有微腐蚀性。地基土对混凝土结构及钢筋混凝土结构中的钢筋均具有微腐蚀性。

1.5.2　地基处理

本工程柱底内力较大，上部结构对差异沉降较为敏感，结合地层分布（基底以下全部为砂层），设计采用后插筋笼混凝土钻孔灌注桩，桩径 700mm，桩长 33.0m。基础底标高为 −11.00m，相对于绝对高程为 371.80m，与④层土的顶标高基本相同，桩端持力层选择⑦层粗砂层，桩的极限承载力标准值计算见表 1.5-3。

桩极限承载力标准值　　　　表 1.5-3

土层编号	顶标高（绝对高程）/m	土层厚度/m	q_{sik}/kPa	q_{pk}/kPa
粗砂④，④$_1$	371.0	9.0	68.5	850
粗砂⑤	362.0	12.5	75	1400
粗砂⑥，⑥$_1$	349.5	9.5	77.5	1500
粗砂⑦	340.0	2.0	85	1800

注：1. 表中有夹层土时，桩侧摩阻力取平均值，⑦层粗砂层的总厚度为 12m 左右。

2. 下式中灌注桩桩基参数为泥浆护壁成孔时的参数。

$Q_{uk} = 0.785 \times 0.72 \times 1800 + 3.14 \times 0.7 \times (9 \times 68.5 + 12.5 \times 75 + 9.5 \times 77.5 + 2 \times 85) = 6100\text{kN}$，放大 15%，取 7000kN。

1.5.3 基础方案

地基基础控制指标见表 1.5-4。

地基基础控制指标

表 1.5-4

项目	指标
地基基础设计等级	甲级
建筑桩基设计等级	甲级
岩土工程勘察等级	甲级

本工程采用厚筏基础，筏板厚度 1.8m，厚筏与周边地下车库之间以薄板弱连接，采用沉降后浇带解决两者之间的差异沉降。桩基布置时，在柱下和核心筒区域集中设置，单桩竖向承载力特征值为 3500kN。计算采用 YJK 软件，桩筏共同作用。

由计算结果，桩基反力如下：$Q_k = 3195kN$，$Q_{kmax} = 3888kN$，$Q_{Ek} = 3843kN$，$Q_{Ekmax} = 4157kN$，桩基竖向承载力满足要求；桩基沉降的最大值位于结构核心筒内部，最大沉降值为 70mm，外围柱下桩基沉降值在 26~40mm 之间、沉降值均远小于规范允许值 200mm，沉降差值也满足 0.002 的限值要求。

筏板受柱墙、筏板受桩基冲切以及筏板抗剪、局部受压计算也均满足《建筑地基基础设计规范》的要求。

1.6 上部结构方案

1.6.1 结构体系

本工程采用全钢结构，结构体系采用**钢框架-支撑**体系，框架柱采用矩形钢管混凝土柱，以满足框架柱长细比及轴压比的要求。外围框架由钢管混凝土柱与 H 型钢梁组成，核心筒位于建筑的中央位置，在核心筒四个角布置竖向支撑，形成钢支撑框架。外围框架梁柱之间、外围框架梁与内部核心筒之间均采用刚接，形成钢框架-支撑双重抗侧力结构体系。核心筒为主要的抗侧力体系，承担主要的地震剪力，框架及悬挑桁架作为次要的抗侧力体系，承担部分地震作用。支撑采用人字形中心支撑，支撑杆件的强轴位于面外且面内采取防屈杆减小其长细比。框架与支撑抗震等级为**一级**。

建筑物一层高度为 12m，为满足底部抗侧刚度及层间抗剪承载力的要求，在结构外框架的四角设置两层单斜杆支撑。本工程在 11 层、22 层布置有避难层，因机电专业的需要，避难层的层高为 5.5m（标准层层高 4.2m），为了增加层间抗侧刚度，避免因竖向结构刚度突变而形成薄弱层，故在外框架的四角设置层间单斜杆支撑，斜撑沿结构四角均匀、对称布置。

23~25 层外挑部分采用六榀三层通高的悬挑桁架来实现；26~30 层，结构整体自核心筒外挑 12.4m，结构采取三层悬挑桁架作为转换层，以支托自身重量及上部楼层的所有竖向荷载。

结构平面图、示意图及实景图如图 1.6-1~图 1.6-3 所示。

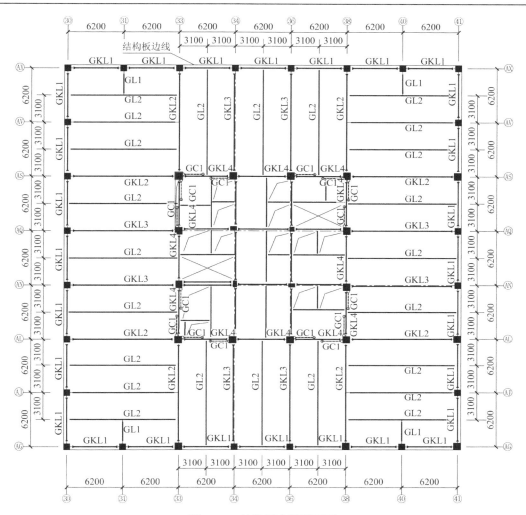

图 1.6-1　结构标准层平面图

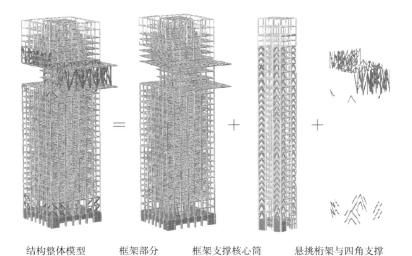

结构整体模型　　框架部分　　框架支撑核心筒　　悬挑桁架与四角支撑

图 1.6-2　结构示意图

图 1.6-3　结构实景图

1.6.2　结构构件布置

1.6.2.1　核心筒支撑框架

结构核心筒四角采用支撑框架，布置均匀、对称，框架支撑自基础顶面上下贯穿至屋面，且沿竖向连续，无间断。核心筒平面尺寸为 18.6m × 18.6m，高宽比约为 7.3。核心筒自下而上均采用人字形中心支撑，考虑自核心筒直接外挑楼层的传力要求，核心筒局部采用十字形交叉支撑。核心筒内所有框架柱均采用矩形钢管混凝土框架柱，钢材采用 Q345 系列，根据《钢管混凝土结构技术规范》框架柱轴压比限值为 0.7。框架柱矩形钢管尺寸由底部 900mm × 900mm 逐步减小为 700mm × 700mm，厚度由底部 40mm 逐步减小为 20mm，钢管内填充混凝土强度等级自下而上从 C60 逐步减小为 C40。核心筒外围框架梁采用工字钢，规格为 700 × 400 × 16 × 35，支撑中采用 H 型钢，规格为 400 × 500 × 20 × 40。设计中，将支撑杆件的强轴位于平面外且平面内采取防屈杆措施减少长细比。

1.6.2.2　外围框架

外框架由矩形钢管混凝土柱和钢梁组成，框架柱的矩形钢管尺寸由底部 900mm × 900mm 逐步减小为 700mm × 700mm，厚度由底部 40mm 逐步减小为 20mm，钢管内填充混凝土强度等级自下而上从 C60 逐步减小为 C40。钢梁采用工字钢，外围框架平面内梁柱均为刚接，外围框架柱与内部核心筒框架柱之间也采用刚接。

14

1.6.2.3　悬挑桁架

上部楼层外挑及内收三维示意见图 1.6-4。23～25 层外挑部分，采用四榀与核心筒支撑框架相连、三层通高的平面桁架来实现，外悬挑部分采用斜拉杆，桁架悬挑 6.2m，桁架上下层通过钢梁外挑 3.8m 以实现通高玻璃幕墙的固定点。如图 1.6-5 所示。同样，在建筑角部设置两榀斜杆桁架，桁架悬挑 6.2m。采用在内部悬挑的桁架上纵向设置三层通高的副桁架进行外挑的做法，最大外悬挑跨度达到 6.2m，如图 1.6-6、图 1.6-7 所示。

25 层以上，整体自核心筒框架支撑外悬挑 12.4m，采取三层转换桁架，以支托向外悬挑的柱子，在 26～28 层核心筒角部，A 轴与 F 轴相交处设置十字交叉中心支撑，以便均匀地传递竖向压力于下部竖向构件。如图 1.6-8、图 1.6-9 所示。

另外，为增强悬挑桁架楼层水平刚度及桁架的整体稳定性，本次设计中在悬挑桁架的下弦杆所在楼层（26 层）增加了水平支撑，水平支撑不承担竖向荷载作用，支撑采用工字钢，尺寸为 $300 \times 500 \times 16$，其具体布置如图 1.6-10 所示。

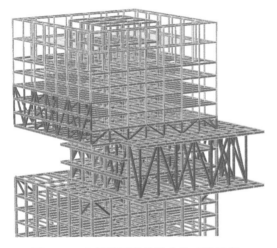

图 1.6-4　上部楼层外挑及内收三维示意

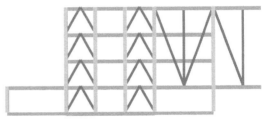

图 1.6-5　23～25 层主桁架布置示意

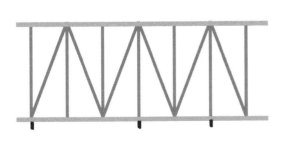

图 1.6-6　悬挑桁架平面外副桁架示意

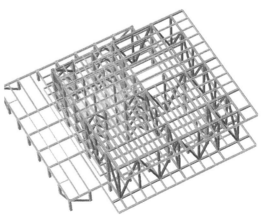

图 1.6-7　23～25 层悬挑桁架俯视图示意

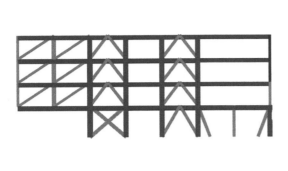

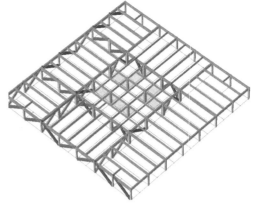

图 1.6-8　12.4m 外挑桁架立面示意　　　　图 1.6-9　25～28 层悬挑桁架平面布置示意

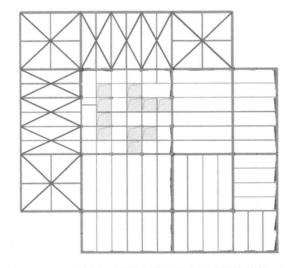

图 1.6-10　下弦所在楼层水平支撑布置（悬挑桁架 2）

1.6.2.4　楼板

采用高层建筑常用的钢筋桁架楼承板组合梁板体系，一般楼层板厚为 110mm，悬挑层楼板局部加厚为 150mm，楼板混凝土强度等级采用 C40。

在计算整体抗震指标时，按照刚性楼板的假定考虑。计算应力及配筋时，大悬挑部分楼层，由于外挑桁架的存在，刚性楼板假定会导致计算结果不准确，故在整体计算时，悬挑桁架层楼板均按照弹性楼板考虑。同时，对于悬挑楼层的楼板进行了舒适度验算，楼盖竖向振动加速度不应大于《高钢规》第 3.5.7 条的限值要求。

1.6.2.5　屋面女儿墙

由于建筑功能与效果的需要，结构顶部需要设置 12m 高度的女儿墙。为减小顶部楼层可能出现的鞭梢效应，并避免局部的扭转振型，结构设计时采用与外框柱相连的平面空腹桁架，平面桁架纵向之间设置两层水平钢梁刚接以增加其侧向刚度。此部分框架柱采用

$400 \times 400 \times 12$ 的方钢管，钢梁采用 $400 \times 200 \times 8 \times 13$ 的工字钢。

1.7　结构超限类别判定及加强措施

1.7.1　超限情况分析

根据《超限高层建筑工程抗震设防专项审查技术要点》建质〔2015〕67 号文件（以下简称《审查要点》）附件 1 中所述内容，对本工程的超限情况作如下判定，见表 1.7-1～表 1.7-3。

表 2：同时具有下列三项及三项以上不规则的高层建筑工程（不论高度是否大于表 1）

表 1.7-1

序号	不规则类型	简要涵义	指标判断	超限结论
1a	扭转不规则	考虑偶然偏心的扭转位移比大于 1.2	1.17	否
1b	偏心布置	偏心率大于 0.15 或相邻层质心相差大于相应边长 15%	偏心率 0.35（采用 YJK 和 Midas 对比计算）	是
2a	凹凸不规则	平面凹凸尺寸大于相应边长 30% 等	0.17	否
2b	组合平面	细腰形或角部重叠形	无	否
3	楼板不连续	有效宽度小于 50%，开洞面积大于 30%，错层大于梁高	开洞面积 5.5%	否
4a	刚度突变	相邻层刚度变化大于 70%（按高规考虑层高修正时，数值相应调整）或连续三层变化大于 80%	比值最小为 1.2＞1.0	否
4b	尺寸突变	竖向构件收进位置高于结构高度 20% 且收进大于 25%，或外挑大于 10% 和 4m，多塔	高于结构高度 73%，收进 19%，外挑 19% 和 10m	是
5	构件间断	上下墙、柱、支撑不连续，含加强层、连体类	26 层以上，柱生根于悬挑桁架上，竖向不连续	是
6	承载力突变	相邻层受剪承载力变化大于 80%	0.88	否
7	局部不规则	局部的穿层柱、斜柱、夹层、个别构件错层或转换，或个别楼层扭转位移比略大于 1.2 等	无	否

注：深凹进平面在凹口设置连梁，当连梁刚度较小不足以协调两侧的变形时，仍视为凹凸不规则，不按楼板不连续的开洞对待；序号 a、b 不重复计算不规则项；局部的不规则，视其位置、数量等对整个结构影响的大小判断是否计入不规则的一项。

表 3：具有下列 2 项或同时具有下表和表 2 中某项不规则的高层建筑工程（不论高度是否大于表 1）

表 1.7-2

序号	不规则类型	简要涵义	指标判断	超限结论
1	扭转偏大	裙房以上的较多楼层考虑偶然偏心的扭转位移比大于 1.4（表 2 之 1 项不重复计算）	1.17	否
2	抗扭刚度弱	扭转周期比大于 0.9，超过 A 级高度的结构扭转周期比大于 0.85	0.88	否
3	层刚度偏小	本层侧向刚度小于相邻上层的 50%（表 2 之 4a 项不重复计算）		否
4	塔楼偏置	单塔或多塔与大底盘的质心偏心距大于底盘相应边长 20%（表 2 之 4b 项不重复计算）	无	否

表4：具有下列某一项不规则的高层建筑工程（不论高度是否大于表1）　表 1.7-3

序号	不规则类型	简要涵义	超限结论
1	高位转换	框支墙体的转换构件位置：7 度超过 5 层，8 度超过 3 层	否
2	厚板转换	7～9 度设防的厚板转换结构	否
3	复杂连接	各部分层数、刚度、布置不同的错层、连体两端塔楼高度、体型或沿大底盘某个主轴方向的振动周期显著不同的结构	否
4	多重复杂	结构同时具有转换层、加强层、错层、连体和多塔等复杂类型的 3 种	否

注：仅前后错层或左右错层属于表 2 中的一项不规则，多数楼层同时前后、左右错层属于本表的复杂连接。

超限判定结论：

高度是否超限判别： 根据《审查要点》附件 1 中的表 1（超限高层建筑工程高度超限判别）及《钢管混凝土结构技术规范》，本工程地上结构总高度约 136m，未超过规范 8 度区钢框架-支撑结构最大高度 180m 的规定，**故建筑高度不超限。**

不规则性是否超限判别： 根据《审查要点》附件 1 中的表 2～表 4 的内容，逐条对照检查，结构存在的超限情况如下：

（1）偏心布置；

（2）尺寸突变；

（3）竖向构件不连续。

根据《审查要点》，本工程属于需进行超限高层建筑工程抗震设防专项审查的项目。

1.7.2　针对超限的加强措施

采用比常规结构更高的抗震设防目标，重要构件均采用中震或大震下的性能标准进行设计。采用两种空间结构计算软件（YJK 和 ETABS）相互对比验证，并通过弹性时程分析对反应谱的结果进行调整。

控制结构自身的刚度，避免出现剪重比过小的情况。同时控制外框架的刚度，提高外框架在地震作用下承担的水平剪力，充分发挥外框架作为二道防线的作用。

对于结构体型外挑和收进的部位竖向构件及水平悬挑构件进行加强处理，增大了悬挑楼层的楼板厚度，楼板采用双层双向配筋进行加强。在局部桁架下弦悬挑位置的楼层处，设置水平支撑。悬挑位置的桁架在构件计算时，采用弹性膜楼板假定计算，并考虑楼板可能开裂对面内刚度的影响，采用平面内零刚度楼盖（零楼板）假定进行验算。同时，对悬挑结构部位的楼板的竖向振动舒适度进行了验算。

采用有限元分析软件进行结构大震下的弹塑性时程分析，控制大震下层间位移角不大于 1/50，并对计算中出现的薄弱部位进行加强。

采用有限元分析软件，对重要的节点进行详细的有限元分析。

主要构件的抗震等级为一级，主要的竖向构件中均设置钢管混凝土，并严格控制竖向构件的轴压比，框架柱的轴压比不超过 0.70。

1.7.3　结构抗震性能目标

根据《抗规》《高钢规》对结构抗震性能化设计方法要求，制定了本工程抗震性能目标：

结构抗震性能目标参照 C 级，主要针对悬挑桁架部分关键构件提出了较为严格的性能要求。初步确定的结构抗震性能目标见表 1.7-4。

结构抗震性能目标　　　　　　　　　　　　　　　　　表 1.7-4

地震水准			多遇地震	设防烈度地震	罕遇地震
性能水准			完好无损	轻度损坏	中等损坏
层间位移角限值			$h/300$	$h/150$	$h/50$
关键构件	悬挑桁架	悬挑桁架部分	弹性	弹性	不屈服
		与悬挑桁架直接相连的框架支撑及框架柱	弹性	弹性	
	12m 高的底层框架柱		弹性	抗弯不屈服，抗剪弹性	轻度破坏，满足斜截面抗剪的要求
普通构件	框架柱及普通柱		弹性	允许进入塑性	轻度破坏，满足斜截面抗剪的要求
	框架支撑中的斜撑		弹性	允许进入塑性	中等破坏（塑性铰）
	外围框架中的支撑		弹性	轻度破坏，允许进入塑性	中等损坏（塑性铰）
耗能构件	框架支撑间的框架梁		弹性	最早进入塑性	中等损坏（塑性铰）
	框架梁		弹性	允许进入塑性	进入塑性，可形成塑性铰，破坏较严重但防止倒塌
节点			不先于构件破坏		

1.8　结构弹性分析结果

1.8.1　计算模型

（1）计算软件

计算分析软件采用 YJK1.8 版，对比设计软件采用 ETABS（2015 版）。计算模型中，1 层为实际建筑−2 层，顶部两层为模拟顶部女儿墙钢结构。

（2）整楼模型

整体计算分析时取结构嵌固端以上的部分作为研究对象。竖向荷载计算时考虑施工阶段的模拟，悬挑楼层的杆件通过定义施工加载次序，模拟在实际施工过程存在施工平台等情况。各水准下的地震计算采用反应谱的方法，振型取 60 个，小震计算考虑水平地震和竖向地震作用，并考虑偶然偏心。竖向地震的计算采用反应谱的方法。

根据《高钢规》第 6.2.2 条的规定，结构在弹性分析时，应计入重力二阶效应的影响，考虑P-Δ效应。

（3）楼板假定

根据规范要求，对于周期比、位移比等抗震指标的计算，采用刚性板假定。在计算内力及配筋时，计算中采用弹性楼板假定。

（4）楼嵌固部位

本工程嵌固端取至地下室顶板处。根据《抗规》第 6.1.14 条第 2 款的规定，地下一层与主楼首层的侧向刚度（剪切刚度）比，X 方向为 10.05，Y 方向为 11.2，均满足规范所示的嵌固要求。在计算地下一层剪切刚度时，计算取主楼及其周边 2 跨且不超过 20m 以内的相关范围。

（5）施工加载次序

高层建筑结构在进行重力荷载作用效应分析时，柱、斜撑等构件的轴向变形宜考虑施工过程的影响。合理的施工次序不仅符合实际要求，而且可以减小构件的附加内力。本工程采用分层逐步加载的施工次序，悬挑桁架所在楼层同时进行施工，并考虑局部楼层核心筒支撑后施工等，这样可以减小桁架下弦杆所在结构层不必要的附加应力以及避免下部楼层核心筒内支撑受竖向荷载的影响。

1.8.2　质量

YJK 和 ETABS 两种软件计算的结构总质量如表 1.8-1 所示，由表中数据可知楼层质量基本相同；除覆土楼层 23 层（质量比 1.66）及 26 层（质量比 2.20）外，其余楼层质量比均满足规范要求。

两种软件计算的结构总质量　　　　　　　　　表 1.8-1

质量	YJK	ETABS
恒荷载产生的质量 /t	58351	58335
活荷载产生的质量 /t	9010	9001
结构总质量 /t	67362	67336

1.8.3　结构周期

YJK 和 ETABS 两种软件计算周期见表 1.8-2（限于篇幅，仅列出前 6 阶振型）。由表中数据可以看出，YJK 和 ETABS 两种软件计算的结构周期及周期比等数据结果基本一致。结构扭转为主的第一自振周期 T_3 与平动为主的第一平动周期 T_1 之比均小于 0.85，且前两个周期的扭转成分均小于 10%，满足规范要求。

结构的周期及周期比　　　　　　　　　　表 1.8-2

振型	YJK 结果				ETABS 结果			
	周期/s	X向平动系数	Y向平动系数	扭转系数	周期/s	X向平动系数	Y向平动系数	扭转系数
T_1	3.96	0.33	0.64	0.03	3.85	0.34	0.75	0.03
T_2	3.91	0.66	0.34	0.00	3.81	0.65	0.35	0.00
T_3	3.18	0.03	0.03	0.94	3.10	0.03	0.03	0.94
T_4	1.16	0.45	0.54	0.01	1.15	0.44	0.56	0.00
T_5	1.12	0.55	0.45	0.00	1.11	0.56	0.44	0.00

续表

振型	YJK 结果				ETABS 结果			
	周期/s	X向平动系数	Y向平动系数	扭转系数	周期/s	X向平动系数	Y向平动系数	扭转系数
T_6	0.88	0.01	0.01	0.98	0.84	0.01	0.01	0.98
T_3/T_1	0.81	—	—	—	0.80	—	—	—

1.8.4　整体结构振型

根据 YJK 和 ETABS 的分析，结构两个水平 X、Y 方向及竖向地震的振型质量参与系数均大于 90%，满足规范要求。计算结果见表 1.8-3。

振型质量参与系数　　　　　　　　　　　　表 1.8-3

方向	YJK 结果	ETABS 结果
X向	100.00%	100.00%
Y向	100.00%	100.00%
Z向	99.90%	99.73%

1.8.5　剪重比

根据《抗规》第 5.2.5 条及《高钢规》第 5.4.5 条的规定，在多遇水平地震作用下，基本周期介于 3.5~5.0s 之间的结构，各楼层对应于水平地震作用标准值的剪力系数 λ，应按照表格数值 0.032 和 0.024 内插取值，其计算限值为 0.0295，即 2.95%，由计算数据可知，YJK 和 ETABS 剪重比计算结果均满足规范限值。

1.8.6　结构层间位移角

多遇地震作用下，X、Y 向地震作用下全楼最大层间位移角所在的层均位于地上 12 层，X向为 1/379（1/422）；Y向为 1/378（1/422）。注：括号内数值为 ETABS 计算结果。

结构两个方向的楼层层间最大位移角均小于 1/300，满足规范要求。YJK 和 ETABS 两种软件地上部分的计算结果及对比见表 1.8-4。

地震作用下结构的层间位移角　　　　　　　表 1.8-4

楼层	YJK 结果		ETABS 结果	
	X向	Y向	X向	Y向
33	1/675	1/656	1/611	1/588
32	1/634	1/621	1/596	1/581
31	1/585	1/574	1/561	1/549
30	1/555	1/539	1/525	1/502
29	1/775	1/774	1/733	1/721

楼层	YJK 结果		ETABS 结果	
	X向	Y向	X向	Y向
28	1/779	1/768	1/737	1/729
27	1/919	1/918	1/876	1/872
26	1/877	1/873	1/825	1/819
25	1/818	1/816	1/782	1/775
24	1/792	1/786	1/782	1/774
23	1/726	1/721	1/750	1/745
22	1/553	1/548	1/607	1/602
21	1/490	1/486	1/550	1/545
20	1/466	1/462	1/526	1/522
19	1/448	1/444	1/509	1/504
18	1/434	1/431	1/495	1/491
17	1/423	1/420	1/484	1/480
16	1/414	1/411	1/475	1/472
15	1/407	1/404	1/469	1/466
14	1/401	1/399	1/465	1/462
13	1/397	1/395	1/457	1/456
12	1/379	1/378	1/422	1/422
11	1/397	1/397	1/463	1/463
10	1/405	1/404	1/477	1/477
9	1/412	1/412	1/488	1/488
8	1/422	1/423	1/503	1/504
7	1/436	1/437	1/523	1/524
6	1/436	1/465	1/558	1/559
5	1/498	1/499	1/595	1/596
4	1/622	1/624	1/715	1/716
3	1/1504	1/1516	1/1510	1/1505

1.8.7　最大扭转位移比

YJK 和 ETABS 在考虑偶然偏心影响的规定水平地震作用下，楼层竖向构件最大水平位移和楼层平均位移值的比值（扭转位移比）均小于 1.2，最大值为 1.16，满足规范的要求。

1.8.8　楼层侧向刚度比及受剪承载力比

侧向刚度比：按照《高钢规》第 3.3.10 条，对于框架-支撑结构，楼层与相邻上层的侧向刚度比应按照式(3.3.10-2)计算，考虑层高修正的楼层侧向刚度比宜满足规范的要求。本结构的计算结果如表 1.8-5 所示，其中 Ratx2、Raty2 为 X、Y 方向本楼层侧移刚度与上一层相应楼层侧移刚度 90%、110%或者 150%的比值。110%指当本层层高大于相邻上层层高 1.5 倍时，150%指嵌固层。

由计算结果可知，所有楼层均满足规范关于层间侧向刚度比的要求。

YJK 层间侧向刚度比计算结果　　　　表 1.8-5

层号	X向		Y向	
	Ratx2	地震剪力放大系数	Raty2	地震剪力放大系数
1	1.60	1.00	1.42	1.00
2	8.77	1.00	7.95	1.00
3	1.56	1.00	1.57	1.00
4	1.39	1.00	1.39	1.00
5	1.23	1.00	1.22	1.00
6	1.22	1.00	1.22	1.00
7	1.18	1.00	1.18	1.00
8	1.17	1.00	1.17	1.00
9	1.16	1.00	1.16	1.00
10	1.15	1.00	1.15	1.00
11	1.16	1.00	1.16	1.00
12	1.10	1.00	1.10	1.00
13	1.14	1.00	1.14	1.00
14	1.13	1.00	1.13	1.00
15	1.12	1.00	1.12	1.00
16	1.12	1.00	1.12	1.00
17	1.11	1.00	1.11	1.00
18	1.11	1.00	1.11	1.00
19	1.11	1.00	1.11	1.00
20	1.09	1.00	1.09	1.00
21	1.03	1.00	1.03	1.00
22	0.96	1.15	0.96	1.15
23	1.08	1.00	1.08	1.00
24	1.15	1.00	1.16	1.00
25	1.17	1.00	1.17	1.00
26	1.29	1.00	1.28	1.00
27	1.43	1.00	1.44	1.00

层号	X向		Y向	
	Ratx2	地震剪力放大系数	Raty2	地震剪力放大系数
28	1.33	1.00	1.33	1.00
29	1.49	1.00	1.50	1.00
30	1.55	1.00	1.55	1.00
31	2.47	1.00	2.47	1.00
32	3.26	1.00	3.25	1.00
33	1.00	1.00	1.00	1.00

受剪承载力比：按照《高钢规》第 3.3.2 条规定，楼层抗侧力结构的层间受剪承载力不宜小于其相邻上一层受剪承载力的 80%，不应小于其相邻上一层受剪承载力的 65%。YJK 计算结果表明：结构楼层层间受剪承载力与其相邻上层承载力之比最小值为 0.95，大于 0.8，满足规范的要求。

1.8.9 刚重比及基础抗倾覆验算

根据《高钢规》第 6.1.7 条的规定，结构的整体稳定性应满足式(6.1.7-2)的要求，式中 EJ 为结构的弹性等效侧向刚度，近似按照倒三角形分布荷载作用下结构顶点位移相等的原则，将结构的侧向刚度折算成竖向悬臂受弯构件的等效侧向刚度。YJK 计算的 X、Y 方向的刚重比分别为 2.97 和 2.95，满足《高钢规》第 6.1.7 条的整体稳定验算要求。

根据《抗规》第 4.2.4 条及《高钢规》第 3.4.6 条的要求，根据 YJK 计算数据主楼基础底面零应力区验算见表 1.8-6，计算结果显示，在未考虑基础自重的有利影响下，基底均未出现零应力区。结构具有足够的抗倾覆安全度，整体抗倾覆验算满足设计的要求。

整体抗倾覆验算结果   表 1.8-6

工况	抗倾覆力矩 M_r/（kN·m）	倾覆力矩 M_{ov}/（kN·m）	比值 M_r/M_{ov}	零应力区/%
X向风	1.483E + 07	8.370E + 05	17.72	0
Y向风	1.488E + 07	8.370E + 05	17.78	0
X向地震	1.408E + 07	2.255E + 06	6.25	0
Y向地震	1.412E + 07	2.253E + 06	6.27	0

1.8.10 竖向地震作用的计算

由于本工程存在高位长悬挑结构，加速度反应较大，对竖向地震作用比较敏感，需要详尽分析。设计时，为比较准确地计算悬挑部分的竖向地震作用，除采用竖向反应谱外，还采用了竖向时程法对悬挑楼层进行了补充分析。

在竖向地震反应谱分析时，可近似采用水平地震反应谱，竖向地震影响系数取水平地震影响系数的 65%，本工程为 8 度Ⅲ类场地，竖向地震影响系数为 0.104。竖向地震时程分析时，输入地震加速度的最大值取水平地震的 0.65 倍，即 45cm/s²，时程分析时采用了 3

条竖向地震波，包括Ⅲ类场地人工波、El-Centro 波的竖向分量和 Taft 波的竖向分量。进行竖向地震分析时，结构的阻尼比取 3%。计算分析采用美国 CSI 公司的 ETABS2015 程序。为了使选取的地震波能够满足规范的要求，对竖向时程分析及反应谱作用下的基底竖向反力进行了对比，对比结果见表 1.8-7。由表中数据可知，每条地震波计算的基底竖向反力都大于反应谱的 65%，3 条地震波计算结果的平均值大于反应谱的 80%，满足规范的要求。

竖向地震时程与反应谱结果对比　　　　　　　　　　　　表 1.8-7

类别	基底竖向反力/kN	时程与反应谱的比值
反应谱	33803	—
Ⅲ类场地人工波	34125	101%
El-Centro 波	37720	111%
Taft 波	35854	106%
时程平均值	35899	106%

以 23～25 层外挑桁架和 26～28 层悬挑桁架作为研究对象。通过竖向弹性时程分析，计算出各楼层的悬挑桁架的绝对加速度，将悬挑桁架的加速度与地面加速度进行比较，得到悬挑桁架的加速度相对于地面的放大系数。计算表明，在竖向地震波作用下，沿悬挑方向，加速度呈放大趋势。特别是悬挑桁架的端部，对竖向加速度的放大效应更为明显，在设计过程中应引起注意。23～25 层外挑桁架根部放大系数达到 1.65，端部放大系数达到了 3.4；26～28 层悬挑桁架根部放大系数达到了 1.8，端部放大系数达到了 3.7。因此，此部分的悬挑与地面悬挑不同，设计时应给予加强。

3 条地震波下的时程分析结果表明，各楼层的轴向力与重力荷载代表值的比值均在 10%～15% 之间，而规范规定的竖向地震作用标准值在 8 度区，取值为结构或构件承受的重力荷载代表值的 10%，因此在本工程的结构设计中采用重力荷载代表值的 15% 作为本结构悬挑部位的竖向地震效应加以考虑。

1.8.11　无悬挑桁架模型的对比计算

为明确悬挑桁架可能产生的一系列问题，本工程建立了一个同样高度、同样质量、同样偏心距但没有悬挑桁架的结构模型。模型中，顶部悬挑的几层用只有竖向刚度，水平刚度很小的柱支承。此计算模型与原计算模型的对比分析结果如表 1.8-8 所示。

无悬挑桁架模型与有悬挑桁架模型对比分析　　　　　　表 1.8-8

计算指标	有悬挑桁架模型	无悬挑桁架模型
结构总质量/t	67361	67261
基本周期/s	3.96	3.95
结构底部地震剪力/kN	$V_x = 18712$ $V_y = 18793$	$V_x = 18770$ $V_y = 18820$
地震作用下，楼层最大位移角	X向：1/378 Y向：1/379	X向：1/380 Y向：1/382

计算结果表明：有无悬挑桁架对结构整体指标的影响并不是很大，结构的基本周期、

结构底部地震剪力以及楼层的最大地震位移角都比较接近。另外，悬挑楼层 23～27 层，楼层的地震剪力也比较接近，数值相差在 3%之内。由此说明，悬挑构件的存在对结构整体指标影响甚微，对结构水平刚度贡献非常有限，并没有对楼层的侧向刚度产生太大的影响，没有吸收过多的水平地震力，对自身和无支撑框架的安全影响很小。

然而，无悬挑桁架参与的计算模型，其框架与支撑的地震剪力的分配却存在较大的区别，框架部分承担的地震剪力有较大的增加，内部支撑承担的剪力有所减少。故在计算框架柱构件的内力时取其两个模型的计算结果进行包络设计，以保证框架柱的结构安全。

1.8.12 二道防线和框架剪力调整

一般的框架-支撑结构体系，支撑是该体系的抗侧力第一道防线，最先发挥作用并承受大部分的侧向地震作用，当支撑遭到破坏后，结构刚度减小，所受地震作用也随之减弱，此时由承受小部分侧向作用的第二道防线——框架来发挥作用，防止结构发生倒塌。

本工程的结构在多遇地震作用下，考虑施工模拟的各楼层结构杆件的应力比分布如下：应力比最大的为核心筒内框架支撑间的框架梁（应力比 0.90～0.99），其次是中心支撑（应力比 0.79～0.89），最小的为外围框架梁柱（应力比 0.49～0.72）。通过结构的应力比的分布大小可以明确整个结构构件的屈服及耗能顺序。在中震乃至罕遇地震作用下，支撑框架间的框架梁（类似于剪力墙连梁作用）先行屈服耗能，而后是支撑进入屈曲耗能，当支撑破坏后再由纯框架作为最后一道防线，抵抗剩余的地震作用。

综上所述，在计算多道防线的调整系数时，为准确计算外框架承担的剪力比例，应重新建立新模型，此模型中应事先考虑支撑框架间梁的屈服，此梁均按照两端铰接考虑。对于悬挑楼层，无支撑的框架柱很少，有悬挑桁架的模型会使得框架柱分配的地震力偏小，故应按照去掉悬挑支撑的模型确定多道防线的调整系数。

多遇地震作用下，结构各楼层框架及支撑分配的倾覆力矩见表 1.8-9。由表中数据可知：支撑框架所承担的倾覆弯矩大于总地震倾覆弯矩的 50%，满足支撑框架的侧向刚度的要求。

X、Y 向地震作用下倾覆力矩   表 1.8-9

层号	X向支撑框架倾覆弯矩/（kN·m）	X向总力矩/（kN·m）	支撑框架地震倾覆弯矩百分比	Y向支撑框架倾覆弯矩/（kN·m）	Y向总力矩/（kN·m）	支撑框架地震倾覆弯矩百分比
33	0	3009.9	0.00%	0	3022.4	0.00%
32	0	8883.1	0.00%	0	8914.9	0.00%
31	9866.8	22523.9	43.81%	9844.5	22560.2	43.64%
30	23901.5	41301	57.87%	23970.7	41332.5	57.99%
29	43820.2	64910.9	67.51%	43507.9	64924.4	67.01%
28	66378.5	92612.3	71.67%	65834.2	92596.9	71.10%
27	95383.8	123743	77.08%	94339.3	123685.7	76.27%
26	135137.8	171390.5	78.85%	134128.1	171266.8	78.32%
25	180791.1	223134.2	81.02%	179747.7	222932.4	80.63%
24	225593.5	277395	81.33%	224418.9	277108.9	80.99%

续表

层号	X向支撑框架倾覆弯矩/（kN·m）	X向总力矩/（kN·m）	支撑框架地震倾覆弯矩百分比	Y向支撑框架倾覆弯矩/（kN·m）	Y向总力矩/（kN·m）	支撑框架地震倾覆弯矩百分比
23	248052.3	337301.7	73.54%	246399.1	336936.1	73.13%
22	271092.6	385706.4	70.28%	269353	385294.3	69.91%
21	296757.8	436532.7	67.98%	294916.1	436088.1	67.63%
20	324246.1	489636.2	66.22%	322293.4	489171.9	65.89%
19	353250.6	544914	64.83%	351180.8	544438.8	64.50%
18	383726.8	602276.1	63.71%	381537.9	601795.9	63.40%
17	415644.7	661614.5	62.82%	413335.9	661134.3	62.52%
16	448984.4	722811.5	62.12%	446556.4	722333.6	61.82%
15	483693.1	785742.8	61.56%	481145.3	785266.7	61.27%
14	519989.8	850299.5	61.15%	517313.3	849822	60.87%
13	558283.1	916425.5	60.92%	555371.2	915940.1	60.63%
12	612999.9	1005459.9	60.97%	610350	1004968.6	60.73%
11	654718.9	1074729.3	60.92%	651996.2	1074229.8	60.69%
10	697739.6	1145479.8	60.91%	694856	1144965.8	60.69%
9	742716.1	1217829.3	60.99%	739701.5	1217292.9	60.77%
8	789910.4	1291808.8	61.15%	786769.4	1291239	60.93%
7	840211.1	1367388.9	61.45%	836986.6	1366774.8	61.24%
6	891261.5	1444466.5	61.70%	888153.9	1443795.5	61.52%
5	944863.8	1522898.3	62.04%	941884.2	1522157	61.88%
4	991970.6	1602116.4	61.92%	989018.8	1601290.5	61.76%
3	1184683.3	1833816.3	64.60%	1177034.2	1827356.3	64.41%

《高钢规》第 6.2.6 条的要求：钢框架-支撑结构的框架部分按刚度分配计算得到的地震层剪力应乘以调整系数，达到不小于结构总地震剪力的 25% 和框架部分计算最大层剪力 1.8 倍二者的较小值，若不足时，进行剪力调整。本工程在多遇地震作用下，各楼层框架和支撑按照刚度分配承担的地震剪力如表 1.8-10 所示。根据结果可知，本工程框架部分承担的地震剪力绝大部分楼层均大于底部总剪力的 25%，对于不满足条件的楼层的框架剪力进行了调整。

结构中框架承担的地震剪力　　　　　　　　　　　表 1.8-10

层号	X向			Y向		
	V_f/kN	V_0/kN	比值	V_f/kN	V_0/kN	比值
29	1207.8	10971	11.01%	1128.5	10957	10.30%
28	2381.8	10971	21.71%	2379.4	10957	21.72%

续表

层号	X向			Y向		
	V_f/kN	V_0/kN	比值	V_f/kN	V_0/kN	比值
27	1487.2	10971	13.56%	1525.1	10957	13.92%
26	1496.1	10971	13.64%	1520.8	10957	13.88%
25	1526.5	10971	13.91%	1535.8	10957	14.02%
24	2394.1	10971	21.82%	2426.2	10957	22.14%
23	5762.7	10971	52.53%	5775.6	10957	52.71%
22	8432.7	18813	44.82%	8439.4	18793	44.91%
21	7940.1	18813	42.21%	7931.9	18793	42.21%
20	8252.8	18813	43.87%	8246.5	18793	43.88%
19	8618.8	18813	45.81%	8613	18793	45.83%
18	8958	18813	47.62%	8950.8	18793	47.63%
17	9266.4	18813	49.26%	9256.4	18793	49.25%
16	9540.9	18813	50.71%	9526.3	18793	50.69%
15	9784.6	18813	52.01%	9763.4	18793	51.95%
14	9987.9	18813	53.09%	9961.2	18793	53.00%
13	10161.6	18813	54.01%	10157	18793	54.05%
12	9290.4	18813	49.38%	9318.3	18793	49.58%
11	10286.8	18813	54.68%	10336.7	18793	55.00%
10	10381.3	18813	55.18%	10371.1	18793	55.19%
9	10320.6	18813	54.86%	10294.9	18793	54.78%
8	10171.7	18813	54.07%	10141.9	18793	53.97%
7	9895.8	18813	52.60%	9852.4	18793	52.43%
6	10193.1	18813	54.18%	10149.5	18793	54.01%
5	10239	18813	54.43%	10175.1	18793	54.14%
4	12168.8	18813	64.68%	12113.4	18793	64.46%
3	4995.4	18813	26.55%	4557.2	18793	24.25%
2	286.4	18813	1.52%	85.6	2488.3	3.44%
1	700.6	18813	3.72%	799.8	18793	4.26%

1.8.13　带悬挑桁架楼层"零楼板"复核

悬挑桁架所在楼层构件内力计算时,上下弦杆所在楼层楼板采用平面应力膜单元进行模拟,并应考虑楼板混凝土开裂、面内刚度降低的不利影响。为安全起见,本工程按不考虑楼板作用,即"零楼板"模型进行复核计算,验算悬挑桁架构件的截面应力。计算表明:不考虑楼板面内刚度的有利作用,使得原来桁架位置的弦杆拉压力骤然增大,特别是下弦杆以及桁架层间弦杆的压力骤增，原先的杆件应力比超限，杆件截面不足，为了保证建筑层高的要求及杆件受力要求，下弦杆以及中间弦杆由原来的工字钢梁改为箱形截面梁。

23～25 层悬挑桁架 1：通过计算，此部分悬挑桁架的上下弦杆以及中间层弦杆截面尺寸由原来的工字形截面调整为箱形截面，尺寸为 $500 \times 800 \times 40 \times 40$，与悬挑端直接相连的内部桁架弦杆也调整为 $500 \times 800 \times 40 \times 40$ 的箱形截面。外部副悬挑桁架的上下弦杆也整体调整为 $500 \times 800 \times 40 \times 40$ 的箱形截面。此时，角部下弦杆件应力比最大值为 0.79（此应力比为竖向地震控制的工况组合），满足承载力设计的要求。外部副悬挑桁架的下弦杆应力比也到达了 0.69 左右，满足设计的要求，可以实现桁架下弦杆的承载力安全。中间层桁架弦杆以及上弦杆的轴向压力不是太大，应力比在 0.60～0.90 之间分布，承载力满足桁架受力的要求。在标准组合（$1.0D + 1.0L$）工况下，悬挑桁架最外端的竖向挠度为 52mm，此部分的跨度为 12.7m，挠度与跨度的比值为 1/230 ＜ 1/200，满足设计要求。

26～28 层悬挑桁架 2：此部分各榀悬挑桁架的下弦杆截面尺寸通过验算，截面调整达到了 $500 \times 1000 \times 60 \times 60$，最终应力比达到 0.87 ＜ 1.0（此应力比为竖向地震控制的组合），满足结构承载力设计的要求。桁架的左上角部中层弦杆及上弦杆调整为 $500 \times 800 \times 40 \times 40$ 的箱形截面，应力比最大值为 0.71 ＜ 1.0，满足承载力设计的要求。

在标准组合（$1.0D + 1.0L$）工况下，悬挑桁架最外端的竖向挠度为 70mm，此部分的跨度为 16.97m，挠度与跨度的比值为 1/242 ＜ 1/200，满足设计要求。

1.8.14　风荷载及风振舒适度、楼盖舒适度验算

风荷载作用下，楼层的最大层间位移角：X 方向：1/1118；Y 方向：1/1109，均小于《高钢规》1/250 的限值要求。

风振舒适度验算：

风荷载下结构顶点的风振加速度：

X 向顺风向顶点最大加速度 $= 0.051\text{m/s}^2$；

X 向横风向顶点最大加速度 $= 0.028\text{m/s}^2$；

Y 向顺风向顶点最大加速度 $= 0.051\text{m/s}^2$；

Y 向横风向顶点最大加速度 $= 0.028\text{m/s}^2$。

根据计算结果，风荷载下结构顶点的风振加速度均小于《钢管混凝土结构技术规范》规定的办公建筑小于 0.25m/s^2 的要求。风荷载下结构的舒适度计算结果以具体的风洞试验为准。

楼盖舒适度：

针对本工程存在大跨度的悬挑结构的特点，对悬挑结构楼层（23～29 层）的竖向振动舒适度进行了相应的验算，计算结果如下所示：

23 层楼板：$f = 4.005\text{Hz}$；24 层楼板：$f = 5.432\text{Hz}$；25 层楼板：$f = 5.432\text{Hz}$；

26 层楼板：$f = 7.284\text{Hz}$；27 层楼板：$f = 5.217\text{Hz}$；28 层楼板：$f = 5.041\text{Hz}$；

29 层楼板：$f = 5.041\text{Hz}$。

计算结果表明：各楼层的楼板竖向振动频率均大于 3Hz；根据《高层建筑混凝土结构技术规程》（以下简称《高规》）附录 A 经验公式，可算得此 7 层相应楼盖结构竖向振动加速度，结果均小于规范的限值 0.05。因此，悬挑楼层的楼板舒适度验算满足规范的要求。

1.8.15　钢管柱长细比及轴压比验算

本工程框架、支撑的抗震等级均为一级，矩形钢管混凝土柱的轴压比限值取 0.70，长细比限值为 80，计算结果表明：所有钢管柱均满足轴压比及长细比的限值要求。

另外，根据计算分析，矩形钢管混凝土中混凝土的工作承担系数均在 0.20～0.35 之间，均小于限值 0.5，表明钢管柱的设计符合规范的要求。

1.8.16　悬挑层楼板应力分析

采用 YJK 结构软件对建筑外挑和收进的楼层，进行竖向荷载作用下楼板平面内应力分析。楼板采用弹性板 6，弹性板 6 是可以同时考虑楼板的平面内和平面外刚度的壳单元模型，符合楼板的真实受力情况。楼板应力计算分析中，不考虑悬挑桁架下弦楼层水平支撑的有利作用。

由 23～25 层悬挑桁架楼层楼板的内力云图可知：悬挑桁架下弦所在层（23 层），在悬挑桁架的平面内下弦杆所在位置出现轴向压力的峰值，最大楼板压力达到了 691kN/m，楼板混凝土即可承担此压力值。同时，在悬挑桁架之间的矩形钢管混凝土框架柱位置楼板出现较大的轴向拉力峰值，最大楼板拉力达到了 840kN/m，普通混凝土楼板不足以承担此轴向拉力，考虑采用双层双向通长附加配筋加以解决。桁架中间层（24 层、25 层）位置悬挑层无楼板，悬挑部位内部楼板内力较小，施工图中对此部分进行加强处理，采用双层双向通长配筋；悬挑桁架上弦所在层（26 层），在悬挑桁架的平面内上弦杆所在位置的端部出现轴向拉力的峰值，最大楼板拉力达到了 500kN/m，右下部角柱位置楼板拉力与下部两层相同，内力很大，必须采取配置附加钢筋的方式给予解决。

由 25～28 层悬挑桁架楼层楼板的内力云图可知：悬挑桁架下弦所在层（26 层），在悬挑桁架的平面内下弦杆所在位置出现轴向压力的峰值，最大楼板压力达到了 890kN/m，楼板混凝土即可承担此压力值。其余楼板位置均以受压力作用为主，内力在 180～330kN/m 之间分布。桁架中间层（27 层、28 层）位置楼板压应力逐渐减小至 700kN/m，同时，在框架支撑位置出现较大的楼板拉力作用，最大值达到 640kN/m，普通混凝土楼板不足以承担此轴向拉力，施工图中采用双层双向通长附加配筋；悬挑桁架上弦所在层（29 层），在悬挑桁架的平面内上弦杆所在位置的端部出现轴向拉力的峰值，最大楼板拉力达到了 777kN/m，同时，与悬挑桁架直接相连的框架支撑处也存在较大的楼板拉力作用，最大值达到 890kN/m，必须采取配置附加钢筋的方式给予解决。

由以上弹性楼板的分析可知，通过加厚桁架层楼板的厚度和采用双层双向配置附加钢筋的方式，可以保证混凝土楼板在竖向荷载的最不利组合工况下，达到安全可靠的正常使用状态。

反应谱法分析总结：通过以上重要指标的对比、分析，两种软件的计算结果基本一致，这说明计算结果合理、有效，计算模型符合结构的实际工作状况。结构周期和自重适中，剪重比符合规范要求，位移和轴压比小于规范的限值要求，构件截面取值合理，结构体系选择适当。

计算结果显示：结构构件的长细比、轴压比、高厚比和宽厚比均符合《高钢规》的各项要求，且小震分析完成后，框架柱的应力比分布在 0.50～1.0 之间，绝大部分处于 0.60 左右；钢框架梁的应力比分布在0.56～0.89之间，大部分处于0.70左右；钢框架中心支撑的应力比分布在0.53～0.80之间，主要处于0.65左右。由此可知：结构构件的截面大小适中，并具有一定的安全储备，以完成性能化设计的要求。

1.8.17　弹性时程分析的补充计算

1.8.17.1　输入地震时程

根据《高钢规》第5.3.3条要求，在波形的数量上，采用5组自然波和2组人工时程波，每组时程波包含两个方向的分量。波形的选择上，在符合有效峰值、持续时间等方面的要求外，要满足基底剪力及高阶振型方面的有关要求。对于有效峰值，多遇地震弹性时程分析，本工程处于8度地震区，设计基本地震加速度为0.20g，峰值为70cm/s^2。对于持续时间，根据《高规》，不宜小于建筑结构基本自振周期的5倍和15s的要求，针对本工程基本周期，选用35s的有效时程长度。图1.8-1为以上7组地震波与规范反应谱的对比图。

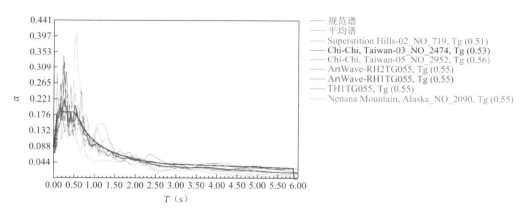

图1.8-1　所选地震波与规范反应谱对比图

1.8.17.2　地震时程反应分析结果

弹性时程分析所得的基底剪力如表1.8-11所示，上述7组时程曲线X和Y方向地震作用下的基底剪力与反应谱比值基本处于69%～115%之间，且平均值为反应谱的84%，满足规范和超限审查的各项要求。

小震时程分析与反应谱基底剪力对比			表1.8-11	
编号	类别	X向	Y向
天然波1	基底剪力/kN	13665	13494
	与反应谱比值	73%	72%
天然波2	基底剪力/kN	13232	13382
	与反应谱比值	70%	71%
天然波3	基底剪力/kN	17422	16935
	与反应谱比值	93%	90%

续表

编号	类别	X向	Y向
天然波 4	基底剪力/kN	13064	12972
	与反应谱比值	69%	69%
天然波 5	基底剪力/kN	17131	16901
	与反应谱比值	91%	90%
人工波 1	基底剪力/kN	14605	14839
	与反应谱比值	78%	79%
人工波 2	基底剪力/kN	21719	21663
	与反应谱比值	115%	115%
7 条波平均值	基底剪力/kN	15834	15741
	与反应谱比值	84%	84%
规范谱	基底剪力/kN	18813	18793

1.8.17.3 时程分析对反应谱分析法的内力调整

长周期高柔度结构在高阶振型的影响下，其顶部楼层鞭梢效应开始显现，动力时程分析往往较振型分解反应谱输出的地震层剪力大，故本工程设计中按规范要求，将 7 条动力时程波各层剪力的平均值与反应谱进行比较，将放大调整系数按X及Y分方向对反应谱分析结果进行调整。由计算结果可知：结构自 27 层以上动力时程分析计算值均大于反应谱输出的地震层剪力，故应对其反应谱计算的地震进行放大。其X与Y方向具体计算结果见表 1.8-12 和表 1.8-13。

小震时程分析与反应谱基底剪力对比（X向）　　　　　表 1.8-12

层号	塔号	时程法剪力/kN	反应谱法剪力/kN	比值	放大系数
33	1	1495.72	1264.02	1.18	1.18
32	1	2450.47	2187.84	1.12	1.12
31	1	4428.74	3929.21	1.13	1.13
30	1	5545.04	4938.39	1.12	1.12
29	1	6217.82	5792.51	1.07	1.07
28	1	6888.31	6644.32	1.04	1.04
27	1	7585.55	7455.17	1.02	1.02
26	1	8795.96	8845.39	0.99	1.00
25	1	9177.88	9395.43	0.98	1.00
24	1	9356.26	9853.39	0.95	1.00
23	1	9837.85	10971.02	0.90	1.00
22	1	10307.09	11566.98	0.89	1.00

续表

层号	塔号	时程法剪力/kN	反应谱法剪力/kN	比值	放大系数
21	1	10711.24	12061.65	0.89	1.00
20	1	10968.80	12520.16	0.88	1.00
19	1	11230.91	12961.38	0.87	1.00
18	1	11387.75	13390.53	0.85	1.00
17	1	11467.41	13809.76	0.83	1.00
16	1	11543.55	14215.64	0.81	1.00
15	1	11598.51	14612.46	0.79	1.00
14	1	11647.61	14998.24	0.78	1.00
13	1	11663.60	15375.94	0.76	1.00
12	1	11948.76	15767.83	0.76	1.00
11	1	12229.81	16128.61	0.76	1.00
10	1	12583.68	16467.49	0.76	1.00
9	1	12994.42	16813.47	0.77	1.00
8	1	13500.22	17164.58	0.79	1.00
7	1	13993.09	17509.66	0.80	1.00
6	1	14520.77	17851.95	0.81	1.00
5	1	14954.76	18166.34	0.82	1.00
4	1	15256.24	18434.17	0.83	1.00
3	1	15639.97	18813.01	0.83	1.00

小震时程与反应谱基底剪力对比（Y 向）　　　　　　表 1.8-13

层号	塔号	时程法剪力/kN	反应谱法剪力/kN	比值	放大系数
33	1	1500.93	1262.03	1.19	1.19
32	1	2469.60	2180.71	1.13	1.13
31	1	4374.72	3912.39	1.12	1.12
30	1	5466.72	4922.88	1.11	1.11
29	1	6184.70	5773.17	1.07	1.07
28	1	6791.93	6624.36	1.03	1.03
27	1	7519.09	7436.88	1.01	1.01
26	1	8766.60	8827.11	0.99	1.00
25	1	9149.04	9378.06	0.98	1.00
24	1	9270.34	9836.90	0.94	1.00
23	1	9798.56	10956.96	0.89	1.00
22	1	10310.68	11555.67	0.89	1.00

续表

层号	塔号	时程法剪力/kN	反应谱法剪力/kN	比值	放大系数
21	1	10700.20	12051.27	0.89	1.00
20	1	10931.94	12509.37	0.87	1.00
19	1	11123.01	12949.71	0.86	1.00
18	1	11240.21	13378.06	0.84	1.00
17	1	11337.74	13797.74	0.82	1.00
16	1	11439.83	14205.01	0.81	1.00
15	1	11506.70	14603.69	0.79	1.00
14	1	11569.68	14990.63	0.77	1.00
13	1	11630.76	15367.95	0.76	1.00
12	1	11914.54	15758.91	0.76	1.00
11	1	12141.32	16120.27	0.75	1.00
10	1	12552.51	16459.62	0.76	1.00
9	1	12979.91	16805.83	0.77	1.00
8	1	13424.18	17155.76	0.78	1.00
7	1	13858.43	17498.60	0.79	1.00
6	1	14387.66	17837.89	0.81	1.00
5	1	14800.24	18149.38	0.82	1.00
4	1	15091.07	18415.29	0.82	1.00
3	1	15510.68	18793.16	0.83	1.00

弹性时程分析总结：

（1）每条时程曲线计算所得的结构底部剪力均大于振型分解反应谱法计算结果的65%，3条时程曲线计算所得的结构底部剪力平均值大于振型分解反应谱法计算结果的80%，因此选用的地震波满足规范的相关要求。

（2）时程分析法与振型分解反应谱法计算结果显示，二者计算的结构反应特征、变化规律基本一致，结果合理可信。

（3）时程分析得到的基底剪力平均值小于反应谱计算得到的基底剪力值，因此按照反应谱方法设计得到的结果是安全可靠的。由各楼层地震剪力的对比可知，结构自27层以上楼层层间剪力略大于反应谱计算结果，因此在施工图设计计算中将 27 层以上的楼层反应谱地震力放大 1.2 倍进行构件的设计和计算。

1.9　设防烈度地震和罕遇地震下结构构件验算

1.9.1　计算参数

按照 1.7.3 节设定的性能目标要求，针对不同的构件进行中震不屈服验算、中震弹性验算以及大震不屈服验算等。计算采用 YJK 软件，计算参数见表 1.9-1。

1.9.2　关键构件验算

根据结构的重要性程度及破坏后的影响，需要对关键构件进行加强处理。本工程中关键构件主要包括底部通高柱及悬挑桁架，具体为：12m 底层柱、悬挑桁架的上下弦杆及腹杆、与悬挑桁架直接相连的框架柱。各部分的验算结果如下。

1.9.2.1　12m 底层柱验算

按照设定的性能目标要求，12m 的底层柱为关键构件，需要满足中震不屈服的设计要求。

中震和大震计算参数　　　　　　　　　　　　　表 1.9-1

计算参数	中震弹性	中震不屈服	大震不屈服
作用分项系数	同小震弹性	1.0	1.0
材料分项系数	同小震弹性	1.0	1.0
抗震承载力调整系数	同小震弹性	1.0	1.0
材料强度	采用设计值	采用标准值	采用标准值
活荷载最不利布置	不考虑	不考虑	不考虑
风荷载计算	不考虑	不考虑	不考虑
周期折减系数	0.9	1.0	1.0
地震作用影响系数	0.45	0.45	0.9
阻尼比	0.03	0.03	0.05
特征周期	0.48	0.48	0.55
构件内力调整	不调整	不调整	不调整
双向地震作用	考虑	考虑	考虑
偶然偏心	不考虑	不考虑	不考虑
中梁刚度放大系数	1.0	1.0	1.0
计算方法	等效弹性计算	等效弹性计算	等效弹性计算

根据验算结果，底层框架柱承载力均处于未屈服的设计状态，核心筒内部框架柱轴压比基本介于 0.70～0.89 之间，框架柱的最大应力达到 0.89 < 1.0，外框架环梁通过适当加强和调整截面后，最大应力比为 0.68，均满足中震不屈服的性能要求。

在多遇地震下结构的弹性设计阶段，由于调整了结构的刚度，增大了框架柱的截面尺寸，以满足《高钢规》对楼层侧向刚度比以及楼层受剪承载力的要求。在此情况下，底层柱的承载力略有富余，性能水准大于预先设定的目标。在中震弹性设计阶段，大部分柱的应力比均小于 1.0，只有核心筒角部框架柱应力比略微大于 1.0，受剪截面均处于弹性阶段，故底层框架柱基本能满足中震弹性的性能设计要求。

综上所述，底层 12m 框架柱不仅能满足中震不屈服的性能要求，而且大部分截面基本符合中震弹性的设计要求。

1.9.2.2　悬挑桁架的验算

按照设定的性能目标，悬挑桁架以及与悬挑桁架直接相连的框架柱，需要满足中震弹性以及大震不屈服的设计要求。此部分结构构件的中震弹性以及大震不屈服验算时，按不考虑悬挑部分楼板的有利作用，将悬挑桁架上下弦楼板刚度取为零进行计算。

23～25 层外挑桁架：

桁架上下弦杆件采用箱形截面，悬挑桁架的上下弦杆、中间层弦杆以及与悬挑端相连的桁架弦杆尺寸均为 $500 \times 800 \times 40 \times 40$，桁架腹杆也采用箱形截面，尺寸为 $500 \times 500 \times 30$。验算结果显示：在以竖向地震控制的内力组合下，下弦的最大应力比为 0.83，上弦杆的最大应力比达到 0.70，直腹杆的最大应力比为 0.82，斜腹杆的最大应力比达到 0.87（23 层最右侧桁架根部斜腹杆），**均满足中震弹性的性能要求。**

由外挑部分桁架的下弦杆、上弦杆、斜腹杆、直腹杆以及与之相连的框架柱及支撑的**大震不屈服阶段**的杆件验算结果可知，杆件内力以竖向地震控制的内力组合最大，几榀平面桁架下弦杆的最大应力比为 0.93，上弦杆的最大应力比达到 0.52，悬挑桁架直腹杆最大应力比达到 0.72，悬挑桁架部分斜腹杆的最大应力比为 0.96，与悬挑桁架直接相连的柱最大应力比为 0.83，与悬挑桁架相连的局部内部斜腹杆最大稳定压应力比为 0.95，均未达到屈服状态。**总体而言，23～25 层外挑部分桁架的各个杆件能够满足大震不屈服的性能设计要求。**

26～28 层外挑桁架：

由外挑部分桁架的下弦杆、上弦杆、斜腹杆、直腹杆以及与之相连框架柱的**中震弹性**阶段的杆件验算结果可知，角部悬挑桁架的下弦杆件受力较大，最大应力比为 0.68，中间层弦杆的应力比为 0.60，下弦杆受力较小，最大应力比达到 0.54，直腹杆的最大应力比为 0.82，斜腹杆的最大应力比达到 0.76，与悬挑桁架直接相连的框架柱及支撑也均处于弹性阶段，应力比最大值为 0.87。同时，对桁架相连的框架柱进行了轴力复核，均未产生轴向拉力作用。**此部分桁架杆件截面均满足中震弹性的性能要求。**

由外挑部分桁架的下弦杆、上弦杆、腹杆以及与之相连的框架柱的**大震不屈服阶段**的杆件验算结果可知，悬挑桁架 2 所对应的下弦杆件的最大应力比为 0.69，上弦杆的最大应力比达到 0.57，悬挑桁架直腹杆最大应力比达到 0.95，悬挑桁架部分斜腹杆的最大应力比为 0.89；与悬挑桁架直接相连的柱最大应力比为 0.79，与悬挑桁架相连的内部斜腹杆最大应力比为 0.63；由此可知，构件均处于未屈服状态。另外，转换桁架所对应的弦杆、腹杆均满足大震不屈服的设计要求。

1.9.3　框架柱的验算

根据抗震性能设计的要求，框架柱需要满足**中震不屈服**的要求。由标准楼层框架柱中震不屈服验算结果可知，外围框架柱的应力比趋于 0.52～0.80 之间，框架支撑筒体部分框架柱的最大应力比为 0.90，筒体内部柱子应力比为 0.52 左右，均未达到屈服状态。框架柱剪应力比均不足 0.20，基本处于弹性阶段。**钢管混凝土框架柱也能满足大震不屈服的性能要求。**

1.10　典型节点有限元分析

1.10.1　核心筒外挑桁架节点

1.10.1.1　有限元模型

模型采用 26～28 层外挑桁架 2 悬挑根部的角部连接节点（26 层），钢节点模型及网格划分如图 1.10-1 所示。节点分析时不考虑混凝土的作用，采用通用有限元结构分析软件 ANSYS 进行分析，采用各向同性的壳单元进行模拟。

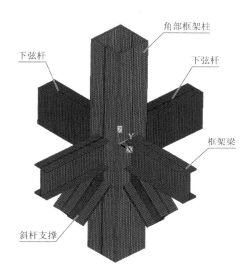

图 1.10-1　悬挑角部钢节点模型

节点内力从 YJK 中震与大震作用下的分析结果提取，在 YJK 分析模型中，下弦杆箱梁和框架梁与矩形钢管混凝土柱刚接，支撑与柱采用铰接。故在节点分析中，提取梁端部最不利的弯矩、剪力及轴向内力，柱上端的弯矩、剪力和轴力，斜向支撑的轴力，设计指标为中震弹性，大震不屈服。节点的中震基本组合值与大震的标准组合值如表 1.10-1 所示（对比了各种设计工况下，下弦杆及梁柱、支撑的内力，可知由竖向地震控制的组合内力最大，这主要是由于此部分节点位于悬挑桁架的根部，竖向力起控制作用，故表中数据只列出了最不利工况下的内力）。

节点最不利工况内力　　　　　　　　　　　　　　　表 1.10-1

设计阶段	下弦杆			斜杆	框架梁		
	弯矩/ （kN·m）	轴力/ kN	剪力/ kN	轴力/ kN	弯矩/ （kN·m）	剪力/ kN	轴力/ kN
中震	6436	9455	2083	5413	917	390	3042
大震	7870	12102	2547	7543	1412	690	3995

注：1. 中震弹性的最不利工况为：$1.2D + 0.6L + 1.3E_v$。
　　2. 大震不屈服的最不利工况为：$1.0D + 0.5L + 1.0E_v$。

1.10.1.2 地震组合作用下的节点应力和变形

（1）中震作用组合

中震弹性阶段，节点的应力、应变如图 1.10-2、图 1.10-3 所示。

由图中数据可知，角部框架柱与悬挑桁架下弦的接触应力较大，有局部的变形，但最大应力为 180MPa ＜ 295MPa（钢材抗弯强度设计值），**满足中震弹性的性能设计要求。**

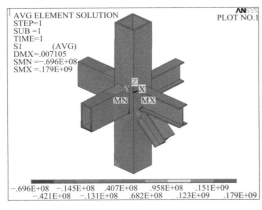

图 1.10-2　中震弹性阶段节点整体应力云图　　　　图 1.10-3　中震弹性阶段节点整体应变云图

（2）大震作用组合

大震不屈服阶段，节点的应力、应变如图 1.10-4、图 1.10-5 所示。

由图中数据可知，角部框架柱与悬挑桁架下弦的接触应力较大，有局部的变形，但最大应力为 332MPa ＜ 390MPa（钢材屈服强度），**满足大震不屈服的性能设计要求。**

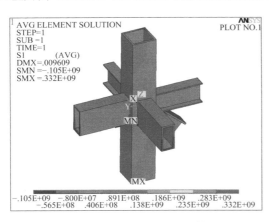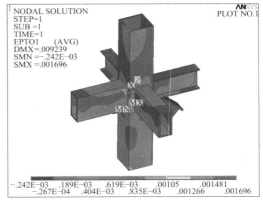

图 1.10-4　大震不屈服阶段节点整体应力云图　　　　图 1.10-5　大震不屈服阶段节点整体应变云图

1.10.2　桁架 1 与核心筒框架柱节点

1.10.2.1 有限元模型

模型采用 23～25 层外挑桁架 1 与核心筒角柱的连接节点（23 层），节点模型及网格划分如图 1.10-6 所示。节点分析时不考虑混凝土的作用，采用通用有限元结构分析软件

ANSYS 进行分析，采用各向同性的壳单元进行模拟。

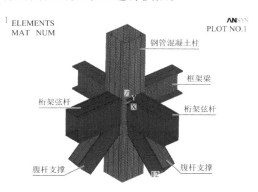

图 1.10-6　箱形支撑与框架柱连接节点模型

节点内力从 YJK 中震与大震作用下的分析结果提取，在 YJK 分析模型中，下弦杆箱梁和框架梁与矩形钢管混凝土柱刚接，箱形斜腹杆与柱采用铰接。故在节点分析中，提取梁端部最不利的弯矩、剪力及轴向内力，柱上端的弯矩、剪力和轴力，斜腹杆的轴力，设计指标为中震弹性，大震不屈服。节点的中震基本组合值与大震的标准组合值如表 1.10-2 和表 1.10-3 所示。

中震弹性各设计工况下内力　　　　　　　　　　　　　　表 1.10-2

工况号	弦杆			腹杆	框架梁		
	弯矩/ （kN·m）	轴力/ kN	剪力/ kN	轴力/ kN	弯矩/ （kN·m）	剪力/ kN	轴力/ kN
1	−2125	−3282	828	5322	−529	−251	−422
2	−2211	−3416	885	5666	−471	−322	−329
3	1502	3457	−374	−6046	−604	267	913
4	1416	3323	−417	−5703	−645	319	962

注：工况 1 对应的组合：$1.2G − 1.3E_h − 0.5E_v$；工况 2 对应的组合：$1.2G − 1.3E_h + 0.5E_v$；
工况 3 对应的组合：$1.2G + 1.3E_h − 0.5E_v$；工况 4 对应的组合：$1.2G + 1.3E_h + 0.5E_v$。

大震不屈服各设计工况下内力　　　　　　　　　　　　　表 1.10-3

工况号	弦杆			腹杆	框架梁		
	弯矩/ （kN·m）	轴力/ kN	剪力/ kN	轴力/ kN	弯矩/ （kN·m）	剪力/ kN	轴力/ kN
1	375	1243	−167	−3268	723	−235	−1141
2	230	1294	−104	−2666	575	−239	−1151
3	−862	−1256	535	2006	−784	267	1338
4	−1023	−1007	446	2612	−931	303	1481

注：工况 1 对应的组合：$1.0G − 1.0E_h − 0.4E_v$；工况 2 对应的组合：$1.0G − 1.0E_h + 0.4E_v$；
工况 3 对应的组合：$1.0G + 1.0E_h − 0.4E_v$；工况 4 对应的组合：$1.0G + 1.0E_h + 0.4E_v$。

1.10.2.2　地震组合作用下的节点应力和变形

（1）中震作用组合

通过分析计算，可知中震弹性阶段，设计最不利工况为 $1.2G − 1.3E_h + 0.5E_v$，此工况下节点的应力、应变以及节点变形如图 1.10-7、图 1.10-8 所示。

由图中数据可知，腹杆支撑与框架柱的接触应力较大，有局部的变形，最大应力为 255MPa ＜ 290MPa（钢材强度设计值），**满足中震弹性的性能设计要求**。

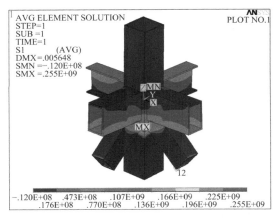

图 1.10-7　节点整体应力云图

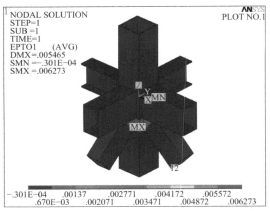

图 1.10-8　节点整体应变云图

（2）大震作用组合

通过分析计算，可知大震不屈服阶段，设计最不利工况为 $1.0G + 1.0E_h - 0.4E_v$，此工况下节点的应力、应变以及节点变形如图 1.10-9、图 1.10-10 所示。

由图中数据可知，腹杆支撑与框架柱的接触应力较大，有局部的变形，最大应力为 324MPa ＜ 345MPa（钢材屈服强度），**满足大震不屈服的性能设计要求**。

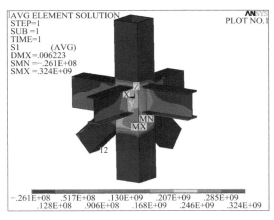

图 1.10-9　节点整体应力云图

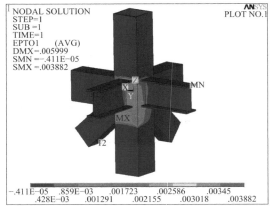

图 1.10-10　节点整体应变云图

1.11　结构动力弹塑性时程分析

1.11.1　弹塑性分析目的及软件介绍

1）分析目的

罕遇地震作用下，结构将进入非线性，刚度变化引起内力重分布，这与弹性阶段内力分布表现出较大的差异。为保证大震作用下结构的安全，量化结构的非线性性能水平，有必要对结构进行大震弹塑性分析。本工程高度较高，上部结构存在大悬挑，结构平面、竖向布置不规则，属于超限结构，因此通过大震弹塑性时程分析评估结构罕遇地震作用下的性能表现。结构进行弹塑性时程分析的主要目的如下：

（1）研究结构在大震情况下的弹塑性宏观表现，如刚度退化、能量耗散、内力重分布情况等；

（2）研究结构在大震情况下的楼层位移、层间位移角、楼层剪力等楼层性能指标；

（3）用量化指标研究结构构件的非线性开展情况，保证结构构件不发生严重损坏，确保结构关键部位的安全。

综合以上指标，实现结构"大震不倒"或"大震不丧失使用功能"的设防目标。

2）分析软件介绍

弹塑性分析与结构性能评估所使用的软件采用美国 CSI 公司的 Perform-3D（Nonlinear Analysis and Performance Assessment for 3D Structure），版本 5.0.1。该软件功能强大，通过设定变形和强度极限状态，实现对复杂和不规则结构的非线性分析，从而用于三维结构的抗震性能评估。

Perform-3D 支持各种不同的构件类型，包括梁、柱、梁柱节点、剪力墙、连梁、填充墙、桁架、楼板、支撑、减震器、耗能构件等；该软件非线性能力强大，能输入多种材料的单轴应力-应变本构模型，实现三线性荷载-变形关系和脆性材料强度损失，模拟循环荷载作用下刚度退化的构件恢复力模型和 P-M-M 相互作用下柱的塑性铰转动能力；另外，软件提供的截面纤维模型对于复杂截面的精细化模拟起到了很大作用。

该软件与现行基于性能的结构抗震设计与评估思想联系紧密，每个构件的非线性能力极限状态可根据构件的变形或强度设计目标进行特别设置，因此在分析后处理方面，能输出时程分析的位移、层间侧移角和多种动力反应结果，动态展示结构基本振型，地震作用下的楼层变形，构件的内力滞回包络线图，以及整个结构的能量耗散值和相对的比例。软件根据美国联邦紧急救援署 FEMA 356 报告给出的性能化指标，将反映构件需求-能力比的使用比（Usage ratio）进行可视化，通过不同颜色的渐变，反映构件的性能变化和损伤发展，给工程师和业主提供直观的参考。

1.11.2　模型基本信息

1）模型来源

本工程 Perform-3D 模型由 YJK 转 ETABS 转 Perform-3D 得到，如图 1.11-1 所示，其中梁、柱、支撑均为框架线单元，悬挑层楼板按弹性板考虑，其他楼层楼板按刚性隔板考虑，结构质量采用 1.0D + 0.5L 组合，本模型地下室部分按周边弹性约束考虑。竖向施工模拟的加载中，考虑了支撑杆件的后施工。

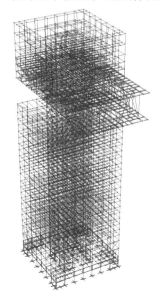

图 1.11-1　Perform-3D 结构模型

2）结构构件模拟

（1）钢管混凝土柱

钢管混凝土柱采用纤维模型模拟，两端为基于弹塑性材料本构的纤维铰，中间段为弹性杆，钢管内混凝土纤维采用约束混凝土单轴本构模拟（图 1.11-2）。

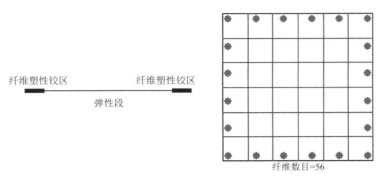

图 1.11-2　钢管混凝土柱结构组件及纤维化分

其中，塑性铰区长度为钢管柱边长的 0.5 倍，纤维束由 36 根混凝土纤维和 20 根钢纤维组成，选用材料的非线性单轴本构模拟 CFT 柱在轴力、弯矩作用下的性能，CFT 柱长度范围内的剪切刚度设为弹性。

为检验钢管混凝土柱的受剪承载力是否满足性能目标要求，在柱两端设剪切承载力控制截面（Shear force strength section），检验其大震时的受剪承载力利用率。

（2）钢梁

钢框架梁采用塑性铰模型，梁端为基于弯矩-曲率关系的塑性铰区（长度为 0.5 倍梁高），中间段为弹性杆（图 1.11-3）。塑性铰区弯矩-曲率关系基于钢材单轴本构，由 XTRACT 软件计算出其屈服弯矩、极限弯矩和曲率。

图 1.11-3　钢框架梁结构组件

型钢梁两端设剪切承载力控制截面（图 1.11-4）。

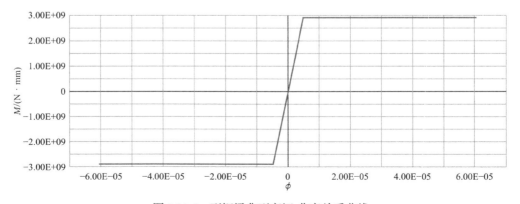

图 1.11-4　型钢梁典型弯矩-曲率关系曲线

（3）钢支撑

钢支撑采用非线性支撑单元（Steel bar）模拟（图 1.11-5），采用钢材屈曲本构（Inelastic steel material buckling），可模拟钢材的受压屈曲。

钢支撑单元（Steel bar）

图 1.11-5　钢支撑结构组件

3）材料本构

（1）混凝土本构

钢管混凝土柱内混凝土纤维采用约束混凝土单轴本构模拟，约束混凝土材料单轴本构基于 Mander 模型，采用三折线简化模型，不考虑混凝土受拉效应，考虑强度退化以及刚度退化。如图 1.11-6 所示。

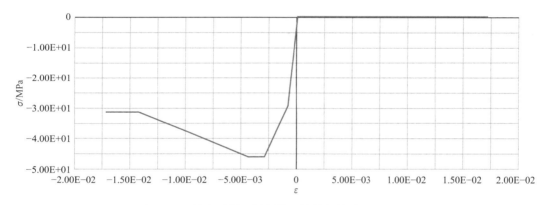

图 1.11-6　约束混凝土材料典型单轴本构关系（C60）

（2）钢材本构

钢管混凝土柱的管壁钢材一般选用非屈曲钢材本构，采用三折线模型，不考虑强度退化，往复加载过程中考虑材料的刚度退化。如图 1.11-7 所示。

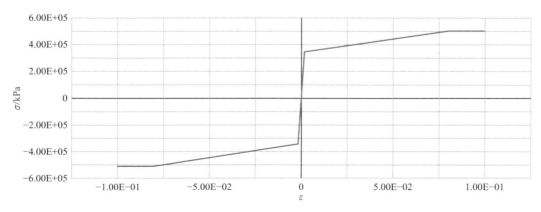

图 1.11-7　非屈曲钢材（钢筋）单轴本构

钢支撑的钢材采用屈曲本构（图 1.11-8），参数定义参见上海市工程建设规范《高层建筑钢结构设计规程》DG/TJ 08—32—2008 附录 D.3。

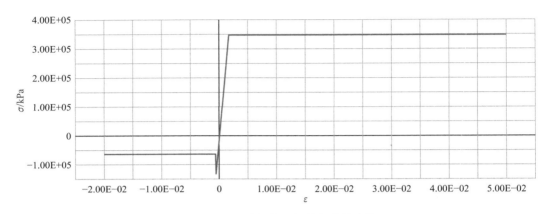

图 1.11-8　屈曲钢材（钢筋）单轴本构

1.11.3　结构及构件的预期性能控制指标

1）结构变形指标控制

结构整体性能指标按层间位移角控制，大震时结构最大层间位移角按[θ] = 1/50 控制。

对应结构整体性能目标，结合 FEMA 356 对于结构构件性能水平的定义原则，现将结构构件的性能划分为 IO（立即使用）、LS（人身安全）和 CP（防止倒塌）三个水平，各性能水准的性能控制指标定义如表 1.11-1 所示。

大震结构构件性能指标　　　　　　　表 1.11-1

结构构件	位移控制指标	性能水平			
		屈服（YIELD）	IO	LS	CP
		关键构件	框架柱、支撑	框架梁	耗能梁
框架柱	钢管壁纤维应变	ε_{sy}	$2\varepsilon_{sy}$	$7\varepsilon_{sy}$	$9\varepsilon_{sy}$
框架梁	曲率	ϕ_y	$2\phi_y$	$7\phi_y$	$9\phi_y$
支撑	钢管纤维应变（受拉）	ε_{sy}	$1.25\varepsilon_{sy}$	$8\varepsilon_{sy}$	$10\varepsilon_{sy}$
	钢管纤维应变（受压）	ε_{sy}	$1.25\varepsilon_{sy}$	$6\varepsilon_{sy}$	$8\varepsilon_{sy}$

2）受剪承载力控制指标

（1）矩形钢管混凝土柱受剪承载力按下式控制：

$$V_{GE} + V_{Ek} \leqslant 2t(h - 2t)f_{vk}$$

式中，前两项表示钢管混凝土柱在重力荷载代表值及大震作用下的剪力标准值，t 为钢管壁厚，h 为钢管沿剪力作用方向的边长，f_{vk} 为钢材抗剪强度标准值。

（2）梁受剪承载力按下式控制：

$$V_k = h_w t_w f_{vk}$$

式中，h_w、t_w 为 H 型钢梁腹板的高度和厚度，f_{vk} 为钢材抗剪强度标准值。

1.11.4　地震动参数

地震作用下的弹塑性分析按大震考虑，即 50 年超越概率为 2% 的罕遇地震。地震动直接采用地面加速度时程的方式输入到模型基座上，根据《抗规》第 5.1.2 条的要求，地震动记录经过调幅，使得加速度峰值 PGA 达到 400cm/s^2，本次时程动力分析共进行三组地震动记录的模拟，分别为天然波 1（TH1，A1 为主方向波，A2 为次方向波）、天然波 2（Superstition Hills-02_NO_719，B1 为主方向波，B2 为次方向波）、人工波（ArtWave-RH2，C1 为主方向波，C2 为次方向波），正交水平方向和竖向的地震动记录按 100% + 85% + 65% 进行三维输入，地震动信息如表 1.11-2 所示，地震波时程曲线以及地震波主、次方向对应地震动反应谱如图 1.11-9 和图 1.11-10 所示。

地震动记录信息　　　　　　　　　　　　　　　表 1.11-2

地震波	名称	主方向与X向角度/°	PGA/（cm/s²）	X	Y	Z
天然波 1	X 主方向	0	400	A1-100%	A2-85%	A1-65%
	Y 主方向	90	400	A2-85%	A1-100%	A1-65%
天然波 2	X 主方向	0	400	B1-100%	B2-85%	B1-65%
	Y 主方向	90	400	B2-85%	B1-100%	B1-65%
人工波	X 主方向	0	400	C1-100%	C2-85%	C1-65%
	Y 主方向	90	400	C2-85%	C1-100%	C1-65%

天然波 1　地震波加速度时程曲线

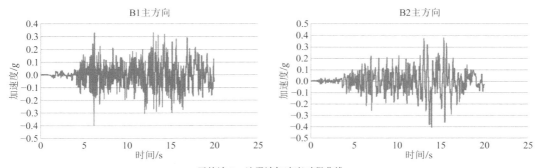

天然波 2　地震波加速度时程曲线

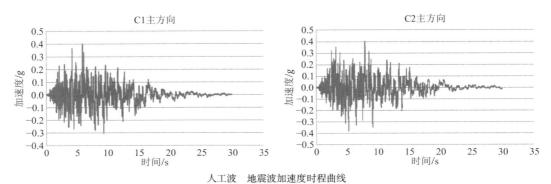

人工波 地震波加速度时程曲线

图 1.11-9 地震波加速度时程

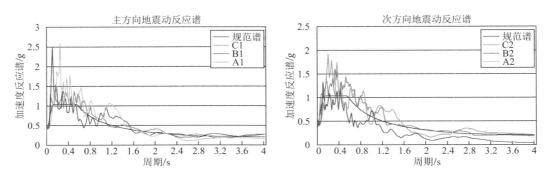

图 1.11-10 地震波反应谱与规范反应谱比较

由图 1.11-10 可知，3 条地震波主方向反应谱与规范反应谱在结构基本自振周期所在区域比较接近，能较合理地反映结构在罕遇地震作用下的性能表现。

1.11.5 分析结果

1.11.5.1 弹性模型验证

为验证 Perform-3D 模型的可靠性，现将 Perform-3D 弹性模型计算所得的结构质量、周期、反应谱基底剪力和 YJK 模型进行对比，结果如表 1.11-3～表 1.11-5 所示。

结构质量对比（单位：t） 表 1.11-3

YJK	Perform-3D	差值/%
67361	66002	2.02

结构周期对比（前 6 阶）（单位：s） 表 1.11-4

振型	YJK	Perform-3D	差值/%
1	3.96	3.99	0.76
2	3.91	3.95	1.02
3	3.19	3.26	2.19

续表

振型	YJK	Perform-3D	差值/%
4	1.15	1.20	4.35
5	1.12	1.17	4.46
6	0.88	0.89	1.14

多遇地震弹性结构反应谱基底剪力对比（单位：kN）　　　表 1.11-5

方向	YJK	Perform-3D	差值/%
X向	18609	18530	0.42
Y向	18587	18764	0.95

综上可知，Perform-3D 与 YJK 弹性模型计算指标基本一致，造成微小误差的原因主要是两个软件的质量统计规则、地下室边界条件处理、框架梁刚度放大系数等不一致，因此，使用 Perform-3D 模型是可靠的。

1.11.5.2　大震底部剪力、顶点位移与各楼层剪力包络图

（1）大震弹塑性分析结构基底剪力时程曲线见图 1.11-11～图 1.11-13。

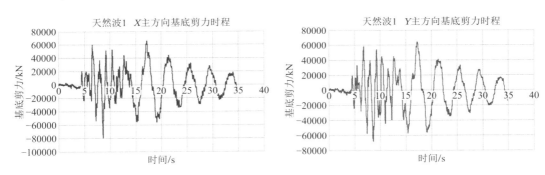

图 1.11-11　天然波 1 结构基底剪力时程曲线

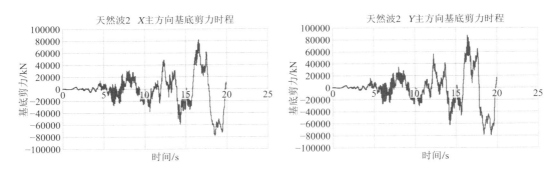

图 1.11-12　天然波 2 结构基底剪力时程曲线

47

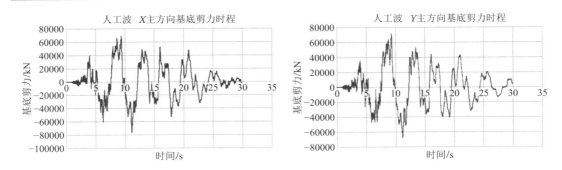

图 1.11-13　人工波结构基底剪力时程曲线

（2）大震弹塑性分析与大震弹性分析结构顶点位移时程比较见图 1.11-14。

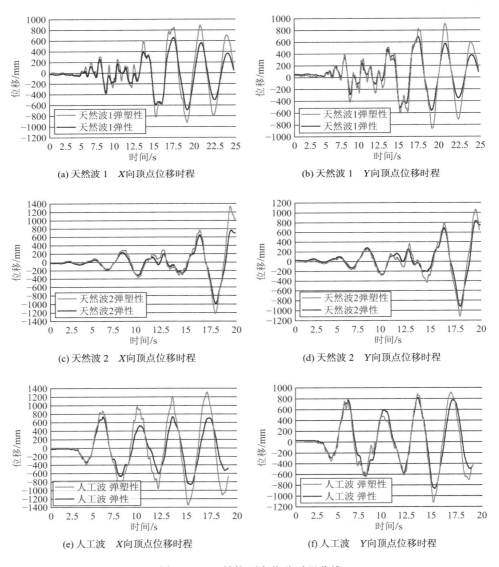

(a) 天然波 1　X 向顶点位移时程

(b) 天然波 1　Y 向顶点位移时程

(c) 天然波 2　X 向顶点位移时程

(d) 天然波 2　Y 向顶点位移时程

(e) 人工波　X 向顶点位移时程

(f) 人工波　Y 向顶点位移时程

图 1.11-14　结构顶点位移时程曲线

由图 1.11-11～图 1.11-13 可知，三条地震波计算所得结构基底剪力最大值比较接近，天然波 2 基底剪力最大。结构大震弹塑性分析所得剪重比分别为 0.132（天然波 1，X 向）、0.114（天然波 1，Y 向）；0.136（天然波 2，X 向）、0.144（天然波 2，Y 向）；0.127（人工波，X 向）、0.119（人工波，Y 向）。

由图 1.11-14 可知，结构在 3 条地震波时程分析后段逐渐进入弹塑性，弹塑性顶点位移分析结果整体与弹性分析差异不大，表明结构构件塑性损伤在可控范围内，大震时性能表现良好。

结构大震弹塑性时程分析计算所得最大基底剪力、顶点位移与大震弹性时程分析计算结果比较见表 1.11-6。由表可知，结构大震弹塑性分析结构最大底部剪力大约为大震弹性底部剪力的 54%～69% 左右，大震弹塑性分析结构顶点位移约为大震弹性顶点位移的 70% 左右，说明结构构件在大震作用下发生屈服，刚度变小，地震能量得到耗散。

大震弹塑性和弹性分析最大基底剪力、顶点位移比较　　　　表 1.11-6

地震波	X、Y 向	天然波 1	天然波 2	人工波
大震弹塑性底部剪力/kN、顶点位移/mm	X 剪力	79360	81394	76452
	X 位移	633.87	864.69	777.75
	Y 剪力	68610	86545	71321
	Y 位移	688.75	866.86	873.60
大震弹性底部剪力/kN、顶点位移/mm	X 剪力	116194	140548	110600
	X 位移	925.7	1338.3	1348.6
	Y 剪力	125608	152528	121888
	Y 位移	900.5	1124.8	1122.9
弹塑性/弹性/%	X 剪力	68.30	57.91	69.12
	X 位移	68.47	64.61	57.67
	Y 剪力	54.62	56.74	58.51
	Y 位移	76.49	77.07	77.80

1.11.5.3　结构弹塑性层间位移角

大震弹塑性时程分析所得结构最大层间位移角及其所在楼层见表 1.11-7。由表中数据可知，结构大震弹塑性层间位移角最大值为 1/86，小于《抗规》第 5.5.5 条规定的 1/50，满足"大震不倒"的抗震性能目标要求。

结构最大层间位移角及其所在楼层　　　　表 1.11-7

地震波		天然波 1	天然波 2	人工波
X 向	楼层	28	10	10
	层间位移角	1/95	1/86	1/120
Y 向	楼层	31	10	31
	层间位移角	1/102	1/90	1/109

1.11.5.4 结构在大震作用下的破坏过程

随着地震动加速度增大，结构构件屈服、破坏顺序如下：支撑—与支撑相交的框架梁—其他框架梁—极少量的框架柱，大震作用下结构均未进入 CP 性能水准，框架柱仅少量屈服。以基底剪力最大的天然波 2（*X*向主方向）为例，结构破坏过程见图 1.11-15。

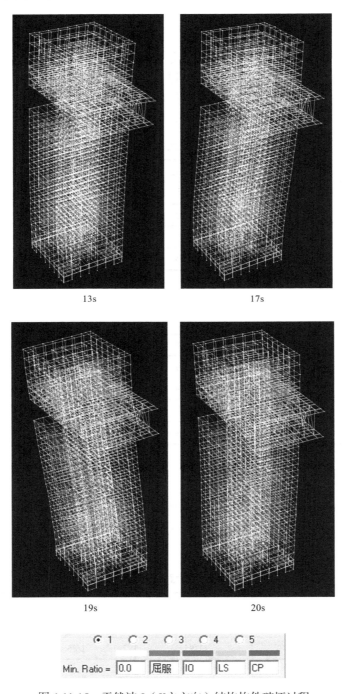

图 1.11-15　天然波 2（*X* 主方向）结构构件破坏过程

1.11.5.5　结构能量消耗

天然波 1：图 1.11-16 显示了结构在天然波 1 三向地震作用下随时间变化的能量分布情况。由图可知，在天然波 1 大震作用下，结构构件在 5s 后逐步进入屈服状态，由构件塑性变形所消耗地震能量约占地震输入总能量的 24%。在结构构件塑性变形耗能比例中，框架梁（耗能梁）占 26% 左右，支撑占 68% 左右，框架柱（钢管混凝土柱）只占 6% 左右。说明大震时结构框架梁（特别是与支撑相交的框架梁）进入塑性状态明显，一些支撑屈服或屈曲，框架柱基本保持弹性状态，满足预期的结构破坏形式。

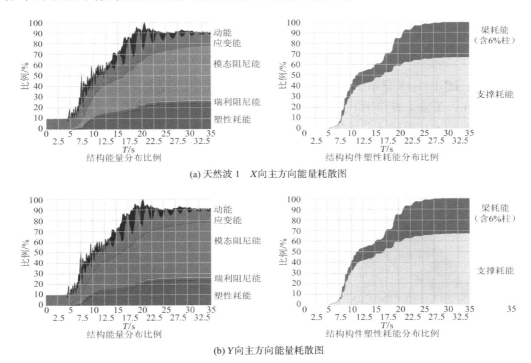

(a) 天然波 1　X 向主方向能量耗散图

(b) Y 向主方向能量耗散图

图 1.11-16　天然波 1 结构能量分布

天然波 2：图 1.11-17 显示了结构在天然波 2 三向地震作用下随时间变化的能量分布情况。由图可知，结构构件在 12s 后进入屈服状态，构件塑性变形所消耗地震能量约占地震输入总能量的 19%。结构构件塑性变形耗能比例中，框架梁（耗能梁）占 50% 左右，支撑占 44% 左右，钢管混凝土框架柱基本占 6%，说明结构仅框架梁与支撑进入塑性状态，而框架柱基本保持弹性。

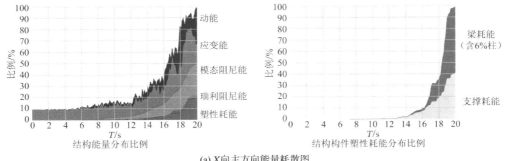

(a) X 向主方向能量耗散图

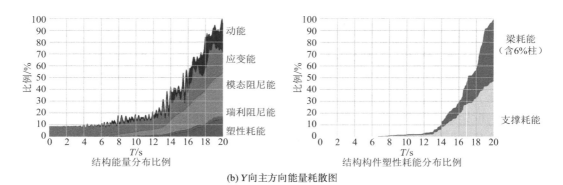

(b) Y向主方向能量耗散图

图 1.11-17　天然波 2 结构能量分布

人工波： 图 1.11-18 显示了结构在人工波三向地震作用下随时间变化的能量分布情况。由图可知，在人工波大震作用下，结构构件在 5s 后逐步进入屈服状态，由构件塑性变形所消耗地震能量约占地震输入总能量的 33%。在结构构件塑性变形耗能比例中，框架梁（耗能梁）占 51% 左右，支撑占 44% 左右，框架柱约占 5%，说明结构仅框架梁、支撑进入塑性状态，而框架柱基本保持弹性。

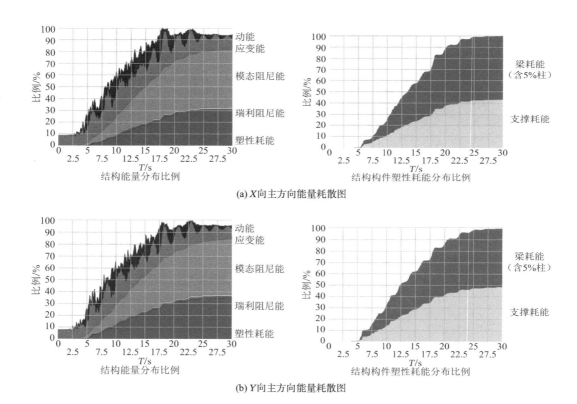

(a) X向主方向能量耗散图

(b) Y向主方向能量耗散图

图 1.11-18　人工波结构能量分布

由以上分析可知，结构在大震作用下，支撑和支撑间框架梁首先进入屈服，产生塑性变形，耗散大量地震能量，而框架柱基本保持完好，这与预期的抗震性能目标一致。

1.11.6　结构构件性能评估

本节主要依据前文的表 1.11-1 的性能指标对结构构件进行性能评估，根据分析结果统计，仅表示地震作用较大的天然波 2 的分析结果。

框架柱：表 1.11-1 要求框架柱大震情况下应处于 IO 性能水平。根据表 1.11-1 对框架柱在 YIELD、IO 性能水平对应的钢管壁纤维应变指标，框架柱极限性能水准见图 1.11-19 和图 1.11-20。

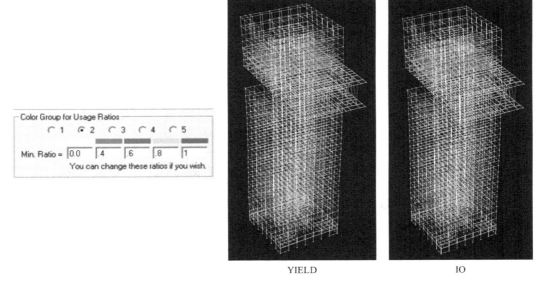

图 1.11-19　天然波 2　*X*向大震作用下框架柱性能水准

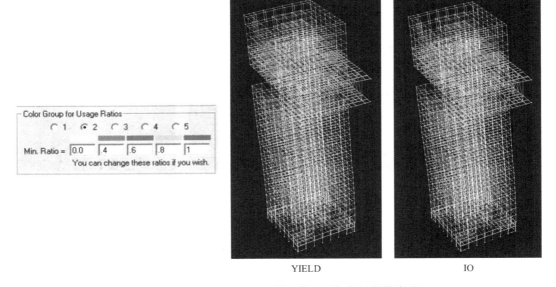

图 1.11-20　天然波 2　*Y*向大震作用下框架柱性能水准

　　由图可知，大震作用下，除加强层以上个别的框架柱出现屈服外，其余大部分钢管混凝土柱均未出现屈服，且完全满足 IO 性能水准的变形指标要求。

　　框架梁： 表 1.11-1 要求框架梁在大震情况下应处于 LS 性能水平。根据表 1.11-1 对框架梁在 YIELD、IO、LS 性能水平对应的弯曲曲率指标，框架梁极限性能水准见图 1.11-21 和图 1.11-22。由图可知，大震作用下，除加强层以外，框架梁大多屈服或接近屈服，大量支撑间框架梁超过 IO 性能水准，但所有框架梁均完全满足 LS 性能水准的变形指标要求。

　　普通支撑： 表 1.11-1 要求普通支撑在大震情况下基本处于 CP 性能水平。根据表 1.11-1 对普通支撑在 IO、LS、CP 性能水平对应的材料应变指标，支撑的极限性能水准见图 1.11-23 和图 1.11-24。由图可知，大震作用下，大部分支撑均出现屈曲，少量支撑超出 LS 的性能水平，但所有支撑构件均未超出 CP 的性能状态，基本满足 CP 性能水准的变形指标要求。

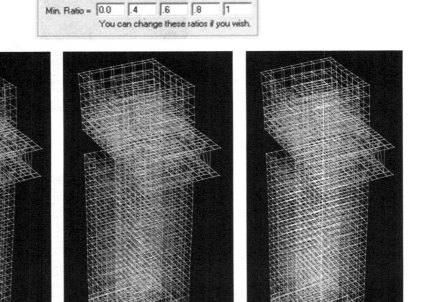

图 1.11-21　天然波 2　X 向大震作用下框架梁性能水准

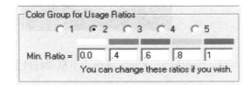

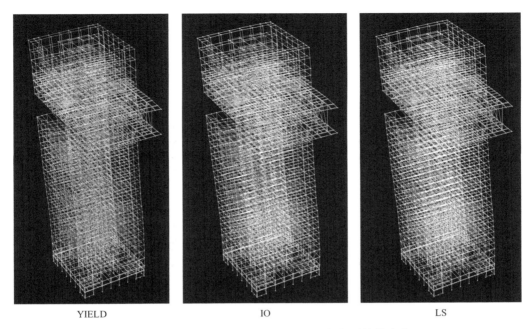

YIELD　　　　　　　IO　　　　　　　LS

图 1.11-22　天然波 2　Y向大震作用下框架梁性能水准

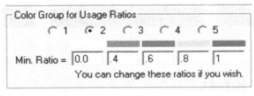

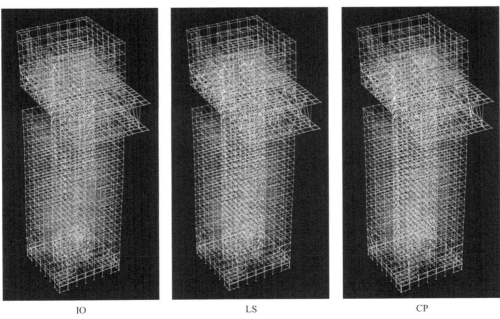

IO　　　　　　　LS　　　　　　　CP

图 1.11-23　天然波 2　X向大震作用下支撑性能水准

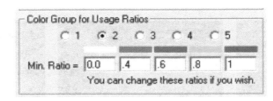

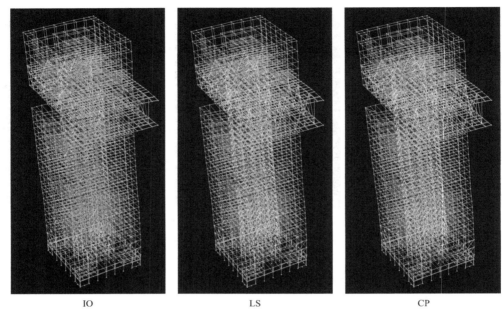

图 1.11-24　天然波 2　Y 向大震作用下支撑性能水准

1.11.7　弹塑性时程分析总结

结构在大震作用下的性能表现良好，没有受到严重的破坏，抗震性能水准可达到并稍高于《高钢规》第 3.8.1 条所述的性能水准 C 的水平，具体情况如下：

（1）**层间位移角**：结构层间位移角小于 1/50，结构构件塑性耗能占比约为 25%，主要为支撑和框架梁屈服耗能，总体表现良好，满足 LS（人身安全）性能水平的性能指标要求。

（2）**框架柱**：仅个别部位发生屈服，基本处于弹性阶段，抗剪弹性，满足"大震不倒"的设防目标要求。

（3）**框架梁**：框架支撑间的梁首先进入屈服，随后周边梁也逐渐屈服，随着地震作用的继续增大，塑性变形明显，但满足抗剪不屈服的承载力要求，起到了耗散地震能量的作用，满足震后修复仍可继续使用的条件。

（4）**支撑**：大部分产生屈服或屈曲，刚度退化明显，成为整个结构体系的第一道防线，保证了大震时外围框架结构的抗震安全性，满足大震时不失效的性能目标要求。建议对悬挑部分析架适当加强，提高其性能目标。

1.12　结论

本工程位于高烈度区，且为Ⅲ类场地土，地震作用明显，抗震要求高，在确定结构方案时，从经济性方面比较过混合结构，但混凝土墙断面太大，且从试算结果来看，抗震性能不理想。根据日本和美国规范，在高烈度区采用混合结构有非常严格的限制，所以本工程最终采用全钢结构体系。综合各阶段的计算分析，结构整体满足规范相应要求，说明采用钢框架-支撑结构体系方案完全可行。

第 2 章

长 安 云

2.1　工程概况

本项目为第十四届全国运动会的配套工程，位于潘骞路以南，灞河东路以东，建筑总面积为 146410m²，地上面积为 88810m²，地下面积为 57600m²。包含南馆、北馆和连桥三部分（图 2.1-1）。

南馆地上四层，地下一层，地下一层层高为 8.4m，地上各层层高均为 8.0m，主要柱网为 12m，在四层至屋面向南悬挑 62m，形成云状飘浮效果。

北馆地上共七层，其中首层层高为 8m，二至七层层高 6m，主要柱网为 12m，在六层形成 48m 见方的无柱空间作为模型厅。规划地下为城市展示中心的车库及设备房部分，共地下两层，总面积为 33500m²，两层层高分别为 3.6m 和 4.8m。

连桥位于南馆与北馆西侧，于南馆屋面位置连接两楼，连桥层高 6m，最大跨度为 150m。

图 2.1-1　建筑实景图

2.2　设计依据

2.2.1　有关本项目的审批文件，建筑、设备工种提供的资料及要求

2.2.2　设计规范、规程、标准

（1）《工程结构可靠性设计统一标准》GB 50153—2008
（2）《建筑工程抗震设防分类标准》GB 50223—2008
（3）《建筑结构可靠性设计统一标准》GB 50068—2018
（4）《建筑抗震设计规范》GB 50011—2010（2016 年版）
（5）《建筑结构荷载规范》GB 50009—2012
（6）《高层建筑混凝土结构技术规程》JGJ 3—2010
（7）《混凝土结构设计规范》GB 50010—2010（2015 年版）

（8）《建筑地基基础设计规范》GB 50007—2011

（9）《湿陷性黄土地区建筑规范》GB 50025—2018

（10）《钢骨混凝土结构技术规程》YB 9082—2006

（11）《钢管混凝土结构技术规范》GB 50936—2014

（12）《高层民用建筑钢结构技术规程》JGJ 99—2015

（13）《钢结构设计标准》GB 50017—2017

（14）《组合结构设计规范》JGJ 138—2016

（15）《高层民用建筑设计防火规范》GB 50045—95（2005 年版）

（16）《低合金高强度结构钢》GB/T 1591—2008

（17）《建筑结构用钢板》GB/T 19879—2005

（18）《碳素结构钢》GB/T 700—2006

（19）《厚度方向性能钢板》GB/T 5313—2010

（20）《中国地震动参数区划图》GB 18306—2015

（21）《建筑工程设计文件编制深度的规定（2017）》

（22）《超限高层建筑工程抗震设防专项审查技术要点》建质〔2015〕67 号

后文中所依据的规范、规程、标准，若没注明其版本号时，皆以上文所述为准。

2.2.3 主要参考资料

（1）《全国民用建筑工程设计技术措施（结构）》。

（2）《钢结构设计手册（第四版）》《建筑抗震设计手册（第二版）》等。

（3）中国有色金属工业西安勘察设计研究院有限公司提供的《"一带一路"文化交流中心系列公建项目（北地块）岩土工程勘察报告》。

2.2.4 建筑结构安全等级和使用年限

结构控制指标见表 2.2-1。

结构控制指标　　　　　　　　　　　　　　　　　　　　　　表 2.2-1

项目	指标	
建筑结构安全等级	一级	
设计使用年限	50 年	
结构设计基准期	50 年	

2.3 材料

2.3.1 钢材

本工程中的框架梁、柱和抗侧力支撑等主要抗侧构件，其钢材的抗拉性能、屈强比和冲击韧性的要求应符合《高钢规》第 4.1.4 条的规定。结构中使用的钢材牌号以及钢材强度设计值如表 2.3-1、表 2.3-2 所示。

钢结构用钢材牌号　　　　　　　　表 2.3-1

构件	板（壁）厚	钢材牌号	产品标准
框架梁、柱、支撑、肋板、连接板	＜40mm	Q355B	GB/T 1591—2018
	≥40mm	Q345GJBZ15	GB/T 19879—2015
次梁		Q355B	GB/T 1591—2018
锚栓		Q235	GB/T 700—2006
悬挑桁架	≥60mm	Q420GJC	GB/T 19879—2015

注：钢板厚度大于 60mm 时，其沿板厚方向的断面收缩率不应小于 Z25 级的允许限值。

钢材强度设计值　　　　　　　　表 2.3-2

牌号	厚度或直径/mm	抗拉、抗压、抗弯 f/（N/mm²）	抗剪 f_v/（N/mm²）	端面承压（刨平顶紧）f_{ce}/（N/mm²）
Q235	≤16	215	125	320
Q355	≤16	310	175	400
	＞16，≤40	295	170	
Q355BGJ	＞16，≤50	325	190	415
	＞50，≤100	300	175	
Q420CGJ	＞35，≤50	380	197	417
	＞50，≤100	360	192	

注：以上按《高钢规》的规定取值。

2.3.2　钢筋

各构件钢筋类别见表 2.3-3。

各构件钢筋类别　　　　　　　　表 2.3-3

构件	梁柱纵筋	梁柱箍筋	板中钢筋	其他部位构造钢筋
钢筋类别	HRB400	HRB400	HRB400	HPB300

2.3.3　混凝土

各构件混凝土强度等级见表 2.3-4。

各构件混凝土强度等级　　　　　　　　表 2.3-4

构件	基础垫层	基础	地下室外墙	楼板	钢管混凝土柱
强度等级	C15	C40	C40	C35	C40～C60

2.4　荷载

2.4.1　风荷载及雪荷载

根据《荷载规范》，风荷载及雪荷载按 50 年重现期确定（表 2.4-1）。本项目在南馆四层至屋面层有大悬挑，南馆与北馆之间有连桥相连，整体的造型层次较多，表面形状复杂，根据《高钢规》第 5.2.7 条，为了准确计算风荷载及各参数，对建筑进行了风洞试验。

风荷载及雪荷载　　　　　　　　　　　　　　表 2.4-1

荷载	项目	指标
风荷载	基本风压	0.35kN/m²
	地面粗糙度	B 类
	体型系数	1.3
	阻尼比	0.02
雪荷载	基本雪压	0.25kN/m²

注：承载力计算时，基本风压放大 1.1 倍。

　　建设方委托中国建筑科学研究院有限公司对该建筑进行了风洞试验。试验模型根据建筑图纸以 1:200 的缩尺比例准确模拟了建筑外形，以反映建筑外形对表面风压分布的影响，风洞模型以及风向角如图 2.4-1 所示。根据风洞试验，对于整体结构 300°风向角时为不利方向，等效风荷载标准值最大，且整体表现为竖直向上吸力为主，把等效静力风荷载加载到主体上，得出基底剪力，与规范值进行比较。

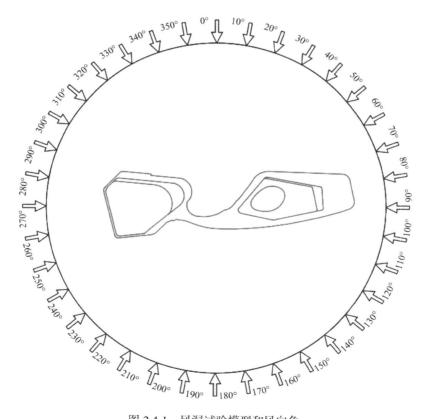

图 2.4-1　风洞试验模型和风向角

　　结构底层等效风荷载剪力值：南馆X轴向为 3180kN，Y轴向为 1040kN；北馆X轴向为

1930kN，*Y*轴向为 1200kN。两个方向的基底剪力均小于规范风荷载计算结果（规范计算值：**南馆*X*轴向基底剪力为 5035kN，*Y*轴向基底剪力为 2293kN；北馆*X*轴向基底剪力为 4174kN，*Y*轴向基底剪力为 3653kN**）。因此本结构整体风荷载作用仍然采用规范风荷载的参数进行设计。

从各风向角等效静力风荷载图可以看出，虽然整体表现为竖直向上吸力为主，但分别对于南馆悬挑桁架及连桥桁架上弦和下弦，存在局部竖直向下压力的工况。故对南馆悬挑桁架及连桥桁架典型杆件进行风洞试验等效静力风荷载作用下的应力复核（图 2.4-2、图 2.4-3）。

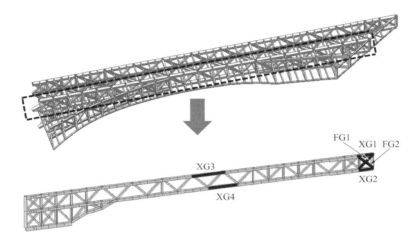

图 2.4-2　连桥桁架等效风荷载研究杆件

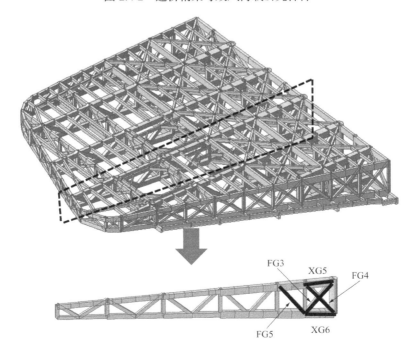

图 2.4-3　悬挑桁架等效风荷载研究杆件

典型桁架杆件应力比结果 表 2.4-2

杆件编号	控制组合	规范风荷载应力比	等效风荷载应力比	等效风荷载/规范风荷载
XG1	恒＋活＋风（风向 210°）	0.300	0.311	1.04
XG2	恒＋活＋风（风向 210°）	0.560	0.568	1.01
XG3	恒＋活＋风（风向 210°）	0.600	0.642	1.07
XG4	恒＋活＋风（风向 210°）	0.400	0.423	1.06
FG1	恒＋活＋风（风向 210°）	0.330	0.335	1.02
FG2	恒＋活＋风（风向 210°）	0.390	0.392	1.00
XG5	恒＋活＋风（风向 100°）	0.400	0.454	1.14
XG6	恒＋活＋风（风向 100°）	0.640	0.725	1.13
FG3	恒＋活＋风（风向 100°）	0.420	0.423	1.00
FG4	恒＋活＋风（风向 100°）	0.440	0.450	1.02
FG5	恒＋活＋风（风向 100°）	0.620	0.650	1.05

从表 2.4-2 所示计算结果可知，恒＋活＋风为典型构件的控制工况，等效风荷载工况下应力比规范风荷载工况下更不利，起控制作用。

2.4.2　地震作用

根据《高钢规》第 5.3.1 条的规定，本工程存在长悬臂结构（悬挑长度 62m）和大跨连桥（跨度 150m），8 度抗震设计时，除考虑水平地震作用外，尚应计入竖向地震作用。竖向地震应使用反应谱分析计算，且竖向地震作用标准值，不宜小于结构承受的重力荷载代表值与《高钢规》表 5.5.3 规定的竖向地震作用系数的乘积。本工程所在地设防烈度为 8 度，基本地震加速度为 0.2g，故竖向地震作用系数可取 0.10，但由于存在长悬挑和大跨结构，为充分考虑竖向地震的影响，结合时程分析对竖向地震进行分析，详见后续章节。

根据《抗规》《中国地震动参数区划图》及地勘报告所述，本工程设计时所取用的地震参数与指标按表 2.4-3 采用。

地震参数与指标 表 2.4-3

项目		指标
建筑工程抗震设防分类		重点设防类
地震参数	抗震设防烈度	8 度
	场地类别	II 类
	设计地震分组	第二组
	基本地震加速度	0.2g
	特征周期（大震）	0.4s（0.45s）
水平地震影响系数最大值	小震	0.16
	中震	0.45
	大震	0.90

续表

项目		指标
建筑工程抗震设防分类		重点设防类
地震峰值加速度	小震	70cm/s²
	中震	200cm/s²
	大震	400cm/s²
结构阻尼比	小震	0.04
	中震	0.04
	大震	0.05

注：结构阻尼比根据《高钢规》第 5.4.6 条采用。

2.4.3　使用荷载

2.4.3.1　恒荷载

根据建筑要求及面层、墙体做法，恒荷载标准值（不含结构梁板自重，其自重由程序自动计算）见表 2.4-4。

恒荷载标准值 　　　　　　　　　　　　　　　　　　表 2.4-4

分类	建筑功能区	恒荷载值/（kN/m²）	备注
面荷载	普通楼面（5cm 厚面层）	1.0	
	卫生间	2.5	找平层与面层共 12cm
	吊顶	1.0	包含各类管道自重
	普通屋面	5.0	上人
	700mm 厚种植屋面	18	南馆二层屋面
线荷载	填充墙体	1.8	10cm 轻质墙板，加双面抹灰
	玻璃幕墙	1.0	根据龙骨大小，适当调整
	电梯井道、楼梯间	2.0	200mm 厚砌块，加双面抹灰，砌块重度不大于 6kN/m³

2.4.3.2　活荷载

楼面均布活荷载标准值按《荷载规范》取值，设计基准期为 50 年。活荷载标准值见表 2.4-5。

活荷载标准值 　　　　　　　　　　　　　　　　　　表 2.4-5

建筑功能区	活荷载值/（kN/m²）
展厅	4.0
会议室	2.0
走廊、门厅	3.5
楼梯间	3.5

建筑功能区	活荷载值/（kN/m²）	
空调机房、通信机房、风机房	7.0	
配电间、档案	5.0	
一层施工荷载	4.0	
地下一层停车库（考虑施工荷载）	4.0	
种植屋面	5.0	
普通屋面（上人）	2.0	

2.4.4 荷载组合

非抗震组合：

（1）$1.1 \times (1.3D + 1.5L)$

（2）$1.1 \times (1.0D + 1.5L)$

（3）$1.1 \times (1.3D + 1.5 \times 0.7L \pm 1.5W)$

（4）$1.1 \times (1.3D + 1.5L \pm 1.5 \times 0.6W)$

（5）$1.1 \times (1.0D + 1.5 \times 0.7L \pm 1.5W)$

（6）$1.1 \times (1.0D + 1.5L \pm 1.5 \times 0.6W)$

其中：D 为永久荷载效应标准值；

L 为活荷载效应标准值；

W 为风荷载效应标准值。

抗震组合：

（1）$1.3G \pm 1.3E_h$

（2）$1.3G \pm 1.3E_v$

（3）$11.3G \pm 1.3E_h \pm 0.5E_v$

（4）$1.3G \pm 0.5E_h \pm 1.3E_v$

（5）$1.3G \pm 1.3E_h \pm 0.3W$

（6）$1.3G \pm 1.3E_h \pm 0.5E_v \pm 0.3W$

（7）$1.3G \pm 0.5E_h \pm 1.3E_v \pm 0.3W$

其中：G 为重力荷载代表值的效应；

E_h 为水平地震作用标准值的效应；

E_v 为竖向地震作用标准值的效应。

2.5 地基及基础工程

2.5.1 地形、地层分布及特性

2.5.1.1 地形、地貌

拟建场地较平坦，地面高程介于 373.13～374.70m，相对高差 1.57m，地貌单元属灞河右岸Ⅰ级阶地。

2.5.1.2　地层结构

地层结构见表 2.5-1，各主要土层的地基承载力特征值及压缩模量见表 2.5-2。

地层结构　　　　　　　　　　　　　　　　　　表 2.5-1

土层编号	土层描述
素填土①Q_4^{ml}	以黏性土为主，可见植物根系及灰渣、砖块等建筑垃圾，松散—稍密，厚度 0.2～7.5m
黄土状土②Q_4^{al+pl}	主要为粉质黏土，局部夹黏土、粉土，可塑状态，层底埋深 1.4～7.9m
中粗砂③Q_4^{al+pl}	可见零星卵石和砾砂，局部相变为砾砂或薄层细砂，稍湿，中密—密实，层底埋深 5.0～13.0m
粉质黏土③$_1Q_4^{al+pl}$	岩性以粉质黏土为主，局部相变为薄层粉土、粉砂，可塑为主，呈透镜体分布于③层，层底埋深 7.10～9.4m
圆砾④Q_4^{al+pl}	级配不良，中粗砂充填，局部相变为砾砂，可见卵石，夹中粗砂透镜体，密实状态，层底埋深 2.0～20.4m
中粗砂④$_1Q_4^{al+pl}$	可见零星的卵石和圆砾，局部相变为砾砂或薄层细砂，级配不良，密实，层底埋深 8.0～19.3m
粉质黏土⑤Q_3^{al+pl}	岩性以粉质黏土为主，局部夹薄层粉土，可塑为主，层底埋深 10.5～24.5m
中粗砂⑤$_1Q_3^{al+pl}$	可见零星的卵石和圆砾，局部相变为砾砂或薄层细砂，级配不良，密实，层底埋深 12.7～22.5m
中粗砂⑥Q_3^{al+pl}	可见零星的卵石和圆砾，局部相变为砾砂或薄层细砂，级配不良，密实，层底埋深 16.2～50.2m
粉质黏土⑥$_1Q_3^{al+pl}$	岩性以粉质黏土为主，局部夹薄层粉土，可塑为主，层底埋深 16.5～35.7m
粉质黏土⑦Q_3^{al+pl}	岩性以粉质黏土为主，局部夹薄层粉土，可塑为主，层底埋深 29.8～51.6m
中砂⑧Q_3^{al+pl}	局部含少量圆砾，偶见卵石，局部相变细砂、粗砂或夹薄层砾砂，级配不良，密实，层底埋深 54.5～68.2m
粉质黏土⑨Q_2^{al+pl}	岩性以粉质黏土为主，局部夹薄层粉土，可塑为主，层底埋深 56.5～70.3m
中砂⑩Q_2^{al+pl}	偶见卵石，局部相变细砂、粗砂或夹薄层砾砂，级配不良，饱和，密实，层底埋深 57.1～68.6m
粉质黏土⑪Q_2^{al+pl}	岩性以粉质黏土为主，局部夹薄层粉土，可塑为主，层底埋深 59.2～71.4m
中砂⑫Q_2^{al+pl}	局部相变为细砂、粗砂，级配不良，密实，未穿透

各主要土层的地基承载力特征值及压缩模量　　　　　表 2.5-2

土层编号	压缩模量/（MPa）	承载力特征值/（kPa）	土层编号	压缩模量/（MPa）	承载力特征值/（kPa）
黄土状土②Q_4^{al+pl}	6	150	粉质黏土⑦Q_3^{al+pl}	6	200
中粗砂③Q_4^{al+pl}	20	260	中砂⑧Q_3^{al+pl}	35	370
粉质黏土③$_1Q_4^{al+pl}$	6	150	粉质黏土⑨Q_2^{al+pl}	7	320
圆砾④Q_4^{al+pl}	40	400	中砂⑩Q_2^{al+pl}	7	380
中粗砂④$_1Q_4^{al+pl}$	30	320	粉质黏土⑪Q_2^{al+pl}	35	220
粉质黏土⑤Q_3^{al+pl}	6	170	中砂⑫Q_2^{al+pl}	7	400
中粗砂⑤$_1Q_3^{al+pl}$	30	330			
中粗砂⑥Q_3^{al+pl}	35	350			
粉质黏土⑥$_1Q_3^{al+pl}$	6	180			

2.5.1.3 场地岩土工程评价

湿陷性：拟建各建筑物基础均位于③层中粗砂或④层圆砾。因此，拟建各建筑物地基可按一般地区的规定设计。

地下水：地下水的稳定水位埋深约 13.0～15.4m，相应的高程介于 358.93～360.14m。地下水位受灞河水位影响，考虑灞河汛期水位变化幅度及补给等条件，抗浮设防水位高程建议取 368.00m。

腐蚀性：场地环境类别对于地下水为Ⅱ类，对于地下水位以上场地土为Ⅲ类。

地下水对混凝土结构及钢筋混凝土结构中的钢筋具微腐蚀性。场地土对混凝土结构及钢筋混凝土结构中的钢筋具微腐蚀性。

2.5.2 地基基础

结合地层分布（基底以下有很厚的砂层），考虑经济性和安全性，地基处理采用两种方式：北馆柱底内力较大且不均匀，因此大部分采用天然地基，只有连桥基础采用桩基础；南馆柱底内力差异非常大，且绝对值较大，采用桩基础。桩基设计采用后插筋笼混凝土钻孔灌注桩，桩径 700mm，桩长 23m。基础底标高为 −10.20m，相对于绝对高程为 365.10m，桩端持力层选择⑥层中粗砂层，桩极限承载力标准值计算按表 2.5-3。

桩基设计计算参数　　　　　　　　　　　　　　表 2.5-3

地层编号	土的状态	钻孔灌注桩/kPa		以孔 48 为例，桩顶标高 364.85m
	—	q_{sik}	q_{pk}	计算长度
④层圆砾	工程性能较好	85	—	11.050
④₋₁层中砂	工程性能较好	80	—	0
⑤层粉质黏土	工程性能一般	70	—	0.4
⑤₋₁层中粗砂	工程性能较好	85	—	0
⑥层中粗砂	工程性能较好	90	1500	3.6
⑥₋₁层粉质黏土	工程性能一般	75	1100	0.4
⑥层中粗砂	工程性能较好	90	1500	7.550

由《建筑桩基技术规范》JGJ 94—2008 第 5.3.5 条公式(5.3.5)，所计算单桩竖向极限承载力标准值：

$$Q_{uk} = Q_{sk} + Q_{pk} = u \sum q_{sik} l_i + q_{pk} A_p$$

其中（取桩径为 700mm）：

$$A_p = \pi D^2 / 4 = 0.385 \text{m}^2$$

取 12-12 剖面，48 号孔为依据，桩顶标高为 364.85m，桩长取为 23m，可得：

$$Q_{tk} = 0.7\pi(11.05 \times 80 + 0.4 \times 70 + 3.6 \times 90 + 0.4 \times 75 + 7.55 \times 90) + 0.385 \times 1500$$
$$= 4856 \text{kN}$$

取为 6000kN。

由上述规范第 5.8.2 条公式(5.8.2-1)，所需试桩桩身强度：

$$f_c \leqslant \frac{N - 0.9 f_y' A_s'}{\varphi_c A_{ps}}$$

可得：$f_c = \frac{6700 \times 1000 - 0.9 \times 360 \times 12 \times 255}{0.9 \times 384845} = 14.46\text{MPa}$，桩身采用 C35 混凝土，满足设计要求。

2.5.3　基础方案

地基基础控制指标见表 2.5-4。

地基基础控制指标　　　　　　　　　　　　　　表 2.5-4

项目	指标
地基基础设计等级	甲级
建筑桩基设计等级	甲级
岩土工程勘察等级	甲级

北馆采用厚筏基础，南馆柱底内力较大，且极不均匀，采用桩基（图 2.5-1）。悬挑桁架支座柱下、悬挑桁架内平衡范围内、连桥桥墩范围内桩较多，其他区域采用筏基。通过计算，对采用天然地基的区域，北馆地基最大沉降为 9mm，北馆最大地基反力为 294kPa，南馆地基最大沉降为 11mm，南馆最大地基反力为 265kPa，满足规范要求。

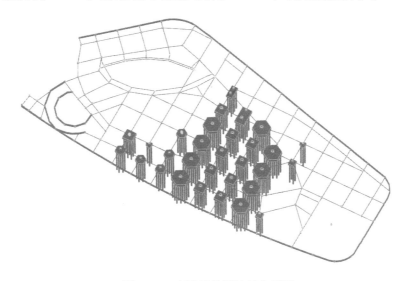

图 2.5-1　南馆悬挂端桩基布置图

南馆存在长悬挑结构，大震竖向地震作用下，平衡端柱底出现拉力，工况变化时，不同位置的桩出现受拉的情况也不尽相同，所以承台下的桩均按受压、受拉设计，大震时桩最大拉力为 2164kN，最大压力为 4614kN，小震没有出现拉力，最大压力为 3129kN。

连桥柱承台下的桩，如图 2.5-2 所示，大震时最大压力为 6777kN，最大拉力为 1702kN（只有个别桩出现拉力，大震作用时引起的偏心效应明显），小震时最大压力为 4035kN。大震时桩的承载力取极限标准值 6000kN，小震时桩的承载力取特征值的 1.25 倍，即 3750kN，个别桩的最大反力超允许值 10% 以内，满足设计要求。

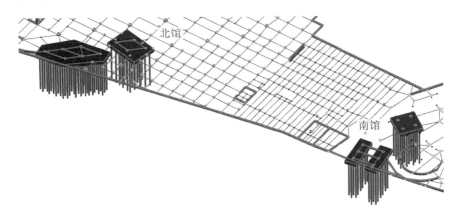

图 2.5-2　连桥承台的桩布置图

2.6　上部结构方案

2.6.1　结构体系及结构布置

本工程采用全钢结构，结构采用**钢框架-中心支撑**体系，框架柱采用钢管柱，为提高竖向承载力局部框架柱采用钢管混凝土柱。框架梁采用实腹梁，支撑结合建筑功能要求，采用人字形或 V 形支撑。北馆支撑较少，框架不作为抗震的二道防线，类似混凝土结构的少墙框架，建筑立面层层收进，局部采用斜柱。南馆由于存在大量悬挑结构，内部平衡区设置较多柱间支撑，作为主要的抗侧力体系。南馆与北馆之间的连桥通过两榀桁架连在一起，为增加连桥刚度，在其顶面和底面均设置水平支撑。整体计算模型和结构实景图见图 2.6-1和图 2.6-2。

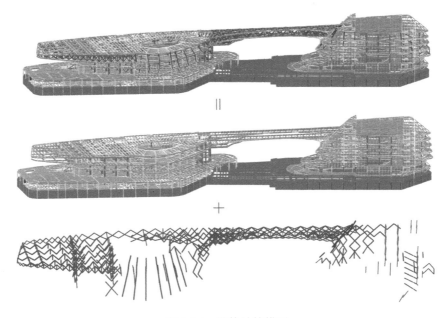

图 2.6-1　整体计算模型

图 2.6-2　整体结构实景图

2.6.2　结构构件布置

南馆地下一层，层高 8.4m，地上四层，层高 8m，局部存在夹层。地下室顶板局部存在大开洞。二层与一层投影面积相同，设置大面积上人屋面。三层平面收进严重，二层周边许多竖向构件并未上到三层。四层、屋面层平面重新向四周扩展，形成东、西、南三方向悬挑的平面布局。平面东北方向每层均存在一个椭圆形洞口，向上逐层收进，屋顶设置蛋形天窗。洞口东侧有条件设悬挑梁，洞口西侧由于仅存单排柱，故在洞口边设置斜柱，提供竖向支撑。平面主要柱网为 12m×12m，多数构件尺寸为：框架柱 900×40，框架梁 H1100×400×20×40，次梁 H700×300×14×25（Q355B），支撑 600×600×50（Q355GJB）。

从屋面结构平面图 2.6-3 中可以看出，图中填充范围为悬挑区，南侧悬挑最大长度为 62m，东西侧悬挑均为 12m。为了解决双向悬挑的问题，在悬挑根部红色方框区域内设置大尺寸柱阵（柱尺寸为圆管 1800×60（Q355B）内灌 C60 自密实混凝土），配合红色粗线（图 2.6-3）表示的竖向支撑，形成刚度较大的后座跨。既能为悬挑区在竖向荷载作用下提供平衡段，又能在地震作用下提供抗扭刚度。南侧悬挑端使用整层桁架，实现大尺度悬挑。在悬挑桁架的端部附近设置三道跨层短桁架，平面走向垂直于悬挑桁架走向，用于协调悬挑桁架及封边桁架的竖向变形。东、西两侧外圈设置跨层边桁架，通过柱阵内部挑出的部分跨层短悬挑桁架进行转换，实现东西两侧悬挑。经过桁架形态优化，将悬挑桁架调整为根部高、端部低的楔形。如图 2.6-4、图 2.6-5 所示。

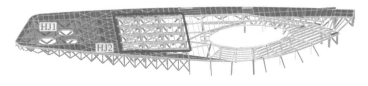

图 2.6-3　屋面结构平面图

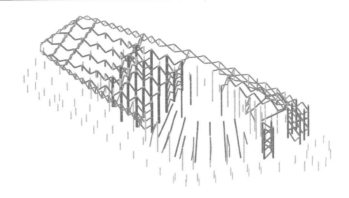

图 2.6-4　桁架、支撑布置图

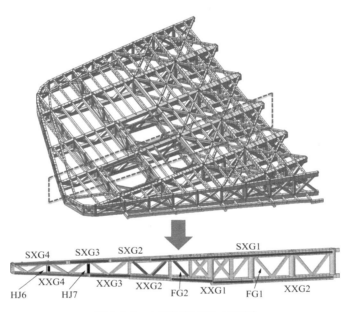

图 2.6-5　中间桁架 HJ3 立面图

悬挑桁架的主要截面如表 2.6-1 所示。

悬挑桁架的主要截面

表 2.6-1

构件编号	截面尺寸/mm	说明
SXG1	箱形 $1500 \times 1500 \times 80 \times 80$	Q420GJB
SXG2	箱形 $1000 \times 1500 \times 60 \times 60$	Q355B
SXG3	箱形 $1000 \times 1000 \times 40 \times 40$	Q355B
SXG4	箱形 $700 \times 1000 \times 40 \times 40$	Q355B
XXG1	箱形 $1700 \times 1500 \times 80 \times 80$	Q420GJB
XXG2	箱形 $1000 \times 1500 \times 60 \times 60$	Q355B
XXG3	箱形 $1000 \times 1000 \times 40 \times 40$	Q355B
5XXG1	箱形 $1000 \times 1500 \times 60 \times 60$	Q355B

续表

构件编号	截面尺寸/mm	说明
5XXG2	箱形 1000×1500×40×40	Q355B
5SXG1	箱形 1000×1500×60×60	Q355B
5SXG2	箱形 1000×1500×40×40	Q355B
FG1	箱形 700×700×40×40	Q355B
FG2	箱形 700×700×60×60	Q355B
FG3	箱形 700×700×40×40	Q355B

北馆地下二层、地上七层、屋面标高46.50m，结构体系采用钢框架-中心支撑体系，框架柱采用钢管柱（其中部分为钢管混凝土柱），结合建筑三个交通核布置中心支撑，与连桥相接区域设置用于支撑连桥的桥墩，北馆、连桥、南馆连为一体。总体而言，支撑的数量较少，且集中在连桥交接部位，抗侧刚度偏弱；框架梁和次梁均采用钢梁，顶层48m×48m大空间采用正交十字钢梁体系，周圈各层悬挑较大处设置局部悬挑桁架。北馆整体平面形状不规则、从下到上立面不规则收进，大跨、局部悬挑、大开洞较多，结构存在局部不规则，局部穿层柱、斜柱，夹层、个别构件错层或转换。主要构件如表2.6-2所示。

主要构件　　　　　　　　　　　　　　　　表 2.6-2

构件编号	截面尺寸/mm	说明
GKZ1	圆管 800×720×40	Q355B
GKZ2	圆管 900×820×40	Q355B
GKZ3	圆管 1000×920×40	Q355B
GKZ4	圆管 1100×1020×40	Q355B
GKZ5	圆管 1200×1120×40	Q355B
GKZ6	圆管 1300×1180×40	Q420GJB
GKZ7	方管 1000×1000×40	Q355B
GKL1	H1000×300×20×35	Q355B
GKL2	H1200×400×25×35	Q355B
GKL3	箱形 2200×800×40×40	Q355B
GKL4	箱形 1000×500×35×35	Q355B
GKL5	H1300×400×25×35	Q355B
GL1	H700×300×12×18	Q355B
GL2	H800×300×14×25	Q355B
GL3	H1000×400×20×35	Q355B
GC1	箱形 400×400×25×25	Q355B
GC2	箱形 500×500×25×25	Q355B
GC3	箱形 600×600×50×50	Q345GJB

连桥是由两榀跨层平面桁架及一榀立体桁架组成，连桥与南、北两馆相连接处，设置框架柱与竖向支撑组成的桥墩，桁架通过桥墩后，向主体内延伸至少两跨 24m，形成多跨连续桁架。竖向支撑采用人字形、V 形中心支撑。连桥上下弦平面中全桥范围内设置 X 水平支撑，提高其平面外抗扭刚度。

2.7 结构超限类别判定及加强措施

2.7.1 超限情况分析

根据《审查要点》附件 1 中所述内容，对本工程的超限情况作如下判定，见表 2.7-1～表 2.7-4。

表 2：同时具有下列三项及三项以上不规则的高层建筑工程（不论高度是否大于表 1）

表 2.7-1

序号	不规则类型	简要涵义	指标判断	超限结论
1a	扭转不规则	考虑偶然偏心的扭转位移比大于 1.2	1.3	是
1b	偏心布置	偏心率大于 0.15 或相邻层质心相差大于相应边长 15%	偏心率 0.26	是
2a	凹凸不规则	平面凹凸尺寸大于相应边长 30%等	15%	否
2b	组合平面	细腰形或角部重叠形	无	否
3	楼板不连续	有效宽度小于 50%，开洞面积大于 30%，错层大于梁高	有效宽度小于 50%	是
4a	刚度突变	相邻层刚度变化大于 70%（按高规考虑层高修正时，数值相应调整）或连续三层变化大于 80%	比值最小为 0.64	是
4b	尺寸突变	竖向构件收进位置高于结构高度 20%且收进大于 25%，或外挑大于 10%和 4m，多塔	高于结构高度 70%，无收进，外挑 16%和 10m	是
5	构件间断	上下墙、柱、支撑不连续，含加强层、连体类	连体	是
6	承载力突变	相邻层受剪承载力变化大于 80%	大于 1.0	是
7	局部不规则	局部的穿层柱、斜柱、夹层、个别构件错层或转换，或个别楼层扭转位移比略大于 1.2 等	是	是

注：深凹进平面在凹口设置连梁，当连梁刚度较小不足以协调两侧的变形时，仍视为凹凸不规则，不按楼板不连续的开洞对待；序号 a、b 不重复计算不规则项；局部的不规则，视其位置、数量等对整个结构影响的大小判断是否计入不规则的一项。

表 3：具有下列 2 项或同时具有下表和表 2 中某项不规则的高层建筑工程（不论高度是否大于表 1）

表 2.7-2

序号	不规则类型	简要涵义	指标判断	超限结论
1	扭转偏大	裙房以上的较多楼层考虑偶然偏心的扭转位移比大于 1.4（表 2 之 1 项不重复计算）	1.32	否
2	抗扭刚度弱	扭转周期比大于 0.9，超过 A 级高度的结构扭转周期比大于 0.85	0.63	否
3	层刚度偏小	本层侧向刚度小于相邻上层的 50%（表 2 之 4a 项不重复计算）		否
4	塔楼偏置	单塔或多塔与大底盘的质心偏心距大于底盘相应边长 20%（表 2 之 4b 项不重复计算）	无	否

表 4：具有下列某一项不规则的高层建筑工程（不论高度是否大于表 1）　表 2.7-3

序号	不规则类型	简要涵义	超限结论
1	高位转换	框支墙体的转换构件位置：7 度超过 5 层，8 度超过 3 层	否
2	厚板转换	7～9 度设防的厚板转换结构	否
3	复杂连接	各部分层数、刚度、布置不同的错层，连体两端塔楼高度、体型或沿大底盘某个主轴方向的振动周期显著不同的结构	否
4	多重复杂	结构同时具有转换层、加强层、错层、连体和多塔等复杂类型的 3 种	否

注：仅前后错层或左右错层属于表 2 中的一项不规则，多数楼层同时前后、左右错层属于本表的复杂连接。

表 5：具有下列某一项不规则的高层建筑工程（不论高度是否大于表 1）　表 2.7-4

序号	不规则类型	简要涵义	指标判断	超限结论
1	特殊类型高层建筑	抗震规范、高层混凝土结构规程和高层钢结构规程暂未列入的其他高层建筑结构，特殊形式的大型公共建筑及超长悬挑结构，特大跨度的连体结构等	悬挑长度 60m，连体跨度 150m	是
2	大跨屋盖建筑	空间网格结构或索结构的跨度大于 120m 或悬挑长度大于 40m，钢筋混凝土薄壳跨度大于 60m，整体张拉式膜结构跨度大于 60m，屋盖结构单元的长度大于 300m，屋盖结构形式为常用空间结构形式的多重组合、杂交组合以及屋盖形体特别复杂的大型公共建筑		否

超限判定结论：

高度是否超限判别：根据《审查要点》附件 1 中的表 1（超限高层建筑工程高度超限判别）及《钢管混凝土结构技术规范》，本工程地上结构总高度约 46.5m，未超过规范 8 度区钢框架-支撑结构最大高度 180m 的规定，**故建筑高度不超限。**

不规则性是否超限判别：根据《审查要点》附件 1 中的表 2～表 5 的内容，逐条对照检查，结构存在的超限情况如下：

（1）扭转不规则，偏心布置。

（2）楼板不连续。

（3）刚度、尺寸突变。

（4）构件间断。

（5）承载力突变。

（6）局部不规则。

（7）特殊类型高层建筑。

根据《审查要点》，本工程属于需进行超限高层建筑工程抗震设防专项审查的项目。

2.7.2　针对超限的加强措施

整体加强：

采用比常规结构更高的抗震设防目标，重要构件均采用中震或大震下的性能标准进行设计。采用两种空间结构计算软件（YJK 和 MIDAS）相互对比验证，并通过弹性时程分析对反应谱的结果进行调整。

采用有限元分析软件进行结构大震下的弹塑性时程分析，分析耗能机制，控制大震下层间位移角不大于 1/50，并对计算中出现的薄弱部位进行加强。

采用有限元分析软件，对重要的节点进行详细的有限元分析。

不规则性加强：

楼板不连续部位，加厚洞口附近的楼板厚度，采用双层双向配筋，采用弹性楼板假定验算结构的内力与截面。

刚度、尺寸突变的楼层，刚度小的楼层地震剪力乘以 1.25 的增大系数。

偏心布置时，加强外框架的刚度，提高结构的抗扭刚度。

调整两分塔的构件布置，使两塔的周期、振型尽量相近，减小整体结构的扭转效应。

连桥：

加强连桥的侧向刚度和抗扭刚度，楼板平面内设水平支撑，形成平面桁架。

增加大震下连桥可能破坏的工况，分塔计算，进行包络设计，保证各塔的可靠性。

连桥、连桥与塔楼相连的结构构件，在连桥高度范围及其上、下层的抗震等级应提高一级。

连桥进入主体至少一跨，与连桥相连的相关构件（包含梁、柱、支撑）作为关键构件进行验算、加强，楼板进行应力分析，并对楼板加厚，采用双层双向配筋。

悬挑桁架：

悬挑桁架进入主体结构三跨，在两边跨设置垂直于桁架的支撑，增加结构的抗扭刚度，减小扭转效应。

悬挑桁架上、下弦悬挑位置的楼层处，设置水平支撑，加强侧向刚度。计算时，采用弹性膜楼板假定计算，并考虑楼板可能开裂对面内刚度的影响，对下弦楼面采用平面内零刚度楼盖（零楼板）假定进行验算。

悬挑结构及其竖向支承结构作为关键构件进行验算、加强，抗震等级提高一级。

对悬挑结构、连桥竖向振动舒适度进行验算。

对悬挑结构、连桥分别按照规范系数法、反应谱法和时程分析法计算竖向地震作用，对结果取包络。多遇地震竖向地震作用系数不小于 0.1，设防地震竖向地震作用系数不小于0.3，罕遇地震竖向地震作用系数不小于 0.6。

对整体结构考虑行波效应和温度效应。

2.7.3 结构抗震性能目标

根据《抗规》《高钢规》对结构抗震性能化设计方法要求，制定了本工程抗震性能目标：结构抗震性能目标参照 C 级，主要针对悬挑桁架部分关键构件提出了较为严格的性能要求。结构抗震性能目标见表 2.7-5。

结构抗震性能目标 表 2.7-5

地震水准			多遇地震	设防烈度地震	罕遇地震
性能水准			完好无损	轻度损坏	中等损坏
层间位移角限值			$h/300$	$h/150$	$h/50$
关键构件	悬挑桁架	悬挑桁架部分（根部弦杆和腹杆）	弹性	弹性	不屈服
		与悬挑桁架直接相连的框架支撑及框架柱	弹性	弹性	

续表

地震水准			多遇地震	设防烈度地震	罕遇地震
关键构件	连桥	连桥部分（桁架根部弦杆和腹杆）	弹性	弹性	不屈服
		与连桥直接相连的框架支撑及框架柱	弹性	弹性	
	扭转位移角接近限值时，位移较大的框架柱		弹性	弹性	不屈服
普通构件	框架柱		弹性	不屈服	轻度破坏，部分构件屈服
	框架支撑中的斜撑		弹性	轻微损坏，允许个别构件屈服	部分构件中等损坏，但不破坏
耗能构件	框架支撑间的框架梁		弹性	部分构件进入屈服，但不破坏	大部分构件中等损坏，但不破坏。部分损坏比较严重
	框架梁		弹性	部分构件进入屈服，但不破坏	大部分构件中等损坏，但不破坏
节点			不先于构件破坏		

2.8　结构弹性分析结果

2.8.1　计算软件、楼层嵌固部位

2.8.1.1　计算软件

结构在竖向荷载、风荷载和多遇地震作用（50 年超越概率 63.2%）下的内力及变形等，均按弹性方法分析。按照连体结构和多塔结构的要求，分别建立整体连体结构模型和分塔单体模型进行结构计算分析对比，分塔单体模型中，将连接体竖向荷载施加于相连接位置以考虑连接体对单体的影响。设计中采用 YJK 软件（版本 3.0.1）和 MIDAS Gen 2020。

在进行重力荷载效应分析时，柱、墙轴向变形应考虑施工过程影响，施工过程的模拟采用分层加载法，大跨度连桥桁架和南馆大悬挑桁架按照先形成桁架整体刚度、后施加荷载的施工次序模拟，以反映实际的施工状态。抗震计算时，考虑扭转耦联以计算结构的扭转效应。分塔单体模型振型数取为 80 个，整体模型振型数取为 60 个，振型参与质量系数不小于 90%。

根据规范要求，对于周期比、位移比等抗震指标的计算，采用刚性板假定。在计算内力及配筋时，计算中采用弹性楼板假定。单塔模型计算抗震指标时，各层采用刚性楼板假定；整体模型计算抗震指标时，由于中间连桥跨度大、刚度小，为反映实际楼板刚度，连桥部分按弹性膜考虑，塔楼部分按刚性板假定考虑。

2.8.1.2　楼层嵌固部位

根据《高规》规定，当地下室顶板作为上部结构嵌固部位时，地下一层与首层剪切刚度比不宜小于 2。计算地下室结构楼层刚度时，可考虑地上结构以外的地下室相关部位的结构，"相关部位"一般指地上结构外扩不超过三跨的地下室范围。单塔及连体首层等效侧向刚度比计算结果如表 2.8-1 所示，单塔和整体模型计算结果均满足规范要求，因此本项目

地下室顶板（B1 顶板）可作为地上结构的嵌固部位。由于南馆侧 B1 顶板存在较多洞口，设计时分别按照 B1 顶板和基础嵌固作承载力包络设计。

嵌固部位层刚度比验算　　　　　　　　　表 2.8-1

项目	X向	Y向
南馆单体	4.228	8.993
北馆单体	24.213	28.328
整体模型	7.519	13.324

2.8.2 整体模型主要计算结果

2.8.2.1 整体模型主要计算指标

整体模型 YJK 和 MIDAS 主要计算结果对比见表 2.8-2。

整体模型 YJK 和 MIDAS 主要计算结果对比　　　　　　　表 2.8-2

计算软件		YJK		MIDAS	
计算振型数		60		60	
前 3 阶自振周期/s	第一平动周期（T_1）	1.411	X向平动	1.534	X向平动
	第二平动周期（T_2）	1.266	Y向平动	1.442	Y向平动
	扭转周期（T_t）	0.928	扭转	1.037	扭转
T_t/T_1		0.66		0.68	
结构总质量（含地下室）/t（包括恒荷载、活荷载产生的质量）		278010		278178	

2.8.2.2 整体模型结构振型

根据 YJK 和 MIDAS 的分析，结构两个水平 X、Y 方向及竖向地震的振型质量参与系数均大于 90%，满足规范要求。

2.8.3 竖向地震作用的计算

本工程南馆存在大悬挑，南馆与北馆之间的连桥跨度 150m，为大跨度连体结构，加速度反应较大，对竖向地震作用比较敏感，需要详尽分析。根据《高规》第 4.3.13、4.3.14 条的规定，分别采用振型分解反应谱法和弹性时程分析法计算连体的竖向地震，并与《高规》第 4.3.15 条竖向地震作用系数法计算的竖向地震作用取包络。计算竖向地震时，不考虑楼板刚度，将楼板自重折算为恒荷载。

在竖向地震反应谱分析时，可近似采用水平地震反应谱，竖向地震影响系数取水平地震影响系数的 65%，本工程为 8 度 II 类场地，竖向地震影响系数为 0.104，反应谱法计算时采用多重 Ritzs 向量法，竖向振型的质量参数系数不小于 90%。竖向地震时程分析时，输入地震加速度的最大值取水平地震的 0.65 倍，即 45cm/s^2，时程分析时采用了 7 条竖向地震波，结构的阻尼比取 4%。根据《高规》第 4.3.15 条，设防烈度 8 度、设计基本地震加速度

0.2g时的竖向地震作用系数为 0.10。

　　根据大悬挑和大跨度连体结构的受力特点，分别从悬挑部位桁架和连体结构桁架中选取受力典型的两榀桁架作为研究对象。悬挑桁架选取支座处的上、下弦杆和腹杆进行研究，连体桁架选取支座处的上、下弦杆和腹杆以及跨中上、下弦杆进行研究，如图 2.8-1、图 2.8-2 所示。分别提取振型分解法反应谱法、弹性时程分析法和规范竖向地震作用系数法计算得到的杆件轴力进行比较（表 2.8-3）。

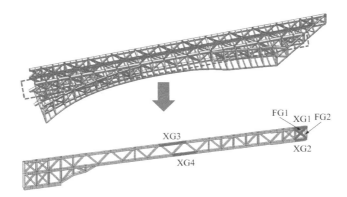

图 2.8-1　北连桥桁架竖向地震研究杆件

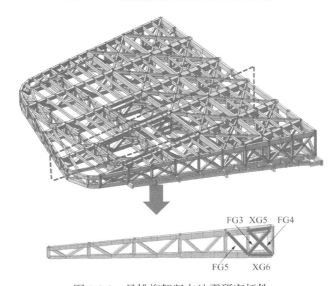

图 2.8-2　悬挑桁架竖向地震研究杆件

小震竖向地震下典型桁架杆件轴力结果　　　　　　　　表 2.8-3

杆件编号	恒荷载/kN	活荷载/kN	竖向地震作用系数法	反应谱法		时程分析法	
			EZ/kN	EZ/kN	EZ/Geq	EZ/kN	EZ/Geq
XG1	24069.6	5697.2	2691.82	1810.1	6.72%	1272.71	4.73%
XG2	30343.6	6193.6	3344.04	2162.1	6.47%	1565.77	4.68%
XG3	24037.9	4401.8	2623.88	1973.6	7.52%	2061.18	7.86%
XG4	10982.1	2855.7	1240.995	1060.6	8.55%	1126.28	9.08%

杆件编号	恒荷载/kN	活荷载/kN	竖向地震作用系数法	反应谱法		时程分析法	
			EZ/kN	EZ/kN	EZ/Geq	EZ/kN	EZ/Geq
FG1	3350.6	792.1	374.665	181.2	4.84%	141.31	3.77%
FG2	4412.2	959.2	489.18	235.9	4.82%	204.69	4.18%
XG5	28330.1	4776.9	3071.855	1815.7	5.91%	1831.67	5.96%
XG6	29482.3	5027.2	3199.59	1872.9	5.85%	1899.48	5.94%
FG3	3390.1	982.1	388.115	213.1	5.49%	210.82	5.43%
FG4	3166.7	773.4	355.34	182.9	5.15%	189.30	5.33%
FG5	7625.1	1744.7	849.745	454.4	5.35%	443.31	5.22%

从计算结果可知，时程分析法计算的构件竖向地震作用产生的轴力及反应谱法计算的轴力均小于重力荷载代表值的10%。因此在本工程的结构设计中通过采用重力荷载代表值的10%作为悬挑部位和连桥的竖向地震效应加以考虑。

中震、大震计算时，竖向地震作用系数分别取0.3和0.6，验算构件承载力。

2.8.4 大跨度连桥对塔楼的影响

本工程南馆与北馆之间的连桥跨度150m，为大跨度结构，连桥与两侧塔楼刚性连接，连桥桁架伸入塔楼两跨，连桥与两侧塔楼形成多塔连体结构。由于连桥跨度较大，相对于两侧塔楼，其刚度相对较小。通过对比研究单塔模型与整体模型的整体指标的差异，进一步研究连桥对两侧塔楼的影响。

连桥与塔楼的质量、振型及基底地震剪力的对比如表2.8-4～表2.8-6所示，可知连桥本身质量只占两个塔楼质量的0.5%；带连桥模型Y向（顺连桥方向）地震基底剪力略有增加，增大约0.06%，X向基底剪力减小5%。由于连桥与塔楼形成连体结构，与单塔结构相比，整体结构的动力特性有所变化，一阶振型以北馆的X向平动为主，周期较北馆单体有所延长。从弹性分析结果可以看出，整体模型前3阶振型均为以平动为主的振型，并带有一定的扭转分量。

与连桥相连的塔楼框架柱，性能目标不低于连桥桁架本身的性能目标，其抗震等级提高一级。

质量对比 表 2.8-4

项目	南馆	北馆	连桥	连桥占比
质量/t（不包含地下室）	64666	56346	6054	5%

连桥对一阶振型的影响 表 2.8-5

项目	一阶周期/s	振型
南馆	一阶周期：0.772 （平动系数：0.14＋0.53＋0.33）	

续表

项目	一阶周期/s	振型
北馆	一阶周期：1.3874 （平动系数：0.79 + 0.17 + 0.04）	
整体模型	一阶周期：1.418 （平动系数：0.95 + 0.02 + 0.03）	

连桥对基底地震剪力的影响　表 2.8-6

项目	南馆	北馆	整体模型	整体/单体之和
基底地震剪力（X向）/kN	55973	31060	82745	0.9507
基底地震剪力（Y向）/kN	53167	29831	83473	1.0057

2.8.5　南馆悬挑桁架楼层"零楼板"复核

南馆悬挑桁架所在楼层构件内力计算时，上下弦杆所在楼层楼板采用弹性膜单元进行模拟，并应考虑楼板混凝土开裂、面内刚度降低的不利影响。为安全起见，本工程按不考虑楼板作用，即"零楼板"模型进行复核计算，验算悬挑桁架构件的截面应力。计算表明：不考虑楼板面内刚度的有利作用，使得原来桁架位置的弦杆拉压力骤然增大，特别是下弦杆以及桁架层间弦杆的压力骤增，上下弦杆应力比均有所增加。

悬挑桁架下弦平面：桁架主要杆件尺寸为：下弦杆分段变截面，从根部矩形钢管 1500（H）×1700×80×80（三道腹板倒日字形截面 Q420GJB）变到端部矩形钢管 700（H）×1000×40×40（Q355B），此时，下弦杆件应力比最大值为 0.86（此应力比为恒 + 活 + 风组合控制），满足承载力设计的要求。

在标准组合（$1.0D + 1.0L$）工况下（含楼板自重），悬挑桁架最外端的竖向挠度为 220mm，此部分的跨度为 62m，挠度与跨度的比值为 1/280 < 1/150，满足设计要求。

悬挑桁架上弦平面：上弦杆为分段变截面，从根部矩形钢管 1500（H）×1500×80×80（Q420GJB）变到端部矩形钢管 700（H）×1000×40×40（Q355B）；腹杆从方管

83

$700 \times 700 \times 60$（Q355B）变为方管 $700 \times 700 \times 40$（Q355B）。此时，上弦杆件应力比最大值为 0.89（此应力比为恒＋活＋风组合控制），满足承载力设计的要求。

在标准组合（$1.0D + 1.0L$）工况下，悬挑桁架最外端的竖向挠度为 220mm，此部分的跨度为 62m，挠度与跨度的比值为 1/280 < 1/125，满足设计要求。

2.8.6 楼盖舒适度验算

舒适度验算时，首先对各区域全面进行竖向自振频率分析，参数及计算方法按照《建筑楼盖结构振动舒适度技术标准 JGJ/T 441—2019》，混凝土弹性模量取静弹模的 1.35 倍，展厅结构阻尼比取 0.02，连桥结构阻尼取 0.01，各部位低阶竖向自振模态分析统计结果如下：

1）北馆 F2（表 2.8-7）

北馆 F2 竖向自振模态分析　　　　　　　　　　　　　　　　表 2.8-7

阶数	1	2	3
模态			
周期/s	0.292	0.268	0.262
频率/Hz	3.42	3.73	3.82

2）北馆 F3（表 2.8-8）

北馆 F3 竖向自振模态分析　　　　　　　　　　　　　　　　表 2.8-8

阶数	1	2	3
模态			
周期/s	0.307	0.232	0.222
频率/Hz	3.26	4.31	4.50

3）北馆 F4（表 2.8-9）

北馆 F4 竖向自振模态分析 表 2.8-9

阶数	1	2	3
模态			
周期/s	0.292	0.268	0.262
频率/Hz	3.42	3.73	3.82

4）南馆 F2（表 2.8-10）

南馆 F2 竖向自振模态分析 表 2.8-10

阶数	1	2	3
模态			
周期/s	0.267	0.261	0.225
频率/Hz	3.75	3.83	4.44

5）南馆 F3（表 2.8-11）

南馆 F3 竖向自振模态分析 表 2.8-11

阶数	1	2	3
模态			
周期/s	0.345	0.260	0.240
频率/Hz	2.90	3.85	4.17

6）南馆大悬挑（表 2.8-12）

南馆大悬挑竖向自振模态分析

表 2.8-12

阶数	模态	周期/s	频率/Hz
1		0.620	1.61
2		0.514	1.95
3		0.252	3.97

7）中部长连桥（表 2.8-13）

中部长连桥竖向自振模态分析

表 2.8-13

阶数	模态	周期/s	频率/Hz
1		0.665	1.50
2		0.376	2.66

阶数	模态	周期/s	频率/Hz
3	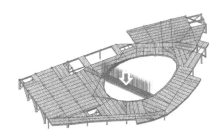	0.293	3.41

可见，南馆 F3 空中连桥、南馆 F4、F5 层大悬挑及中部长连桥存在小于 3Hz 的高阶自振频率，需补充加速度验算。验算时，参数及计算方法按照《建筑楼盖结构振动舒适度技术标准》JGJ/T 441—2019，人行激励荷载按照《建筑振动荷载标准》GB/T 51228—2017，楼盖和连桥激励函数的一阶激振频率在 1.25～2.3Hz 之间进行选取。考虑到大悬挑及连桥悬挑长度/跨度较长，结构刚度小，激励函数级数取 5 项。

1）南馆 F3 空中连桥

取激励荷载频率 $f_1 = 1.46$Hz 和 2.3Hz，行人密度 1.5 人/m²，激振区域面积 112m²，区域总人数 168 人。激励函数布置位置、加速度提取点位及计算得到的加速度时程曲线分别如图 2.8-3 所示，可见最大竖向振动加速度峰值为 **0.165m/s² > 0.15m/s²，不满足舒适度设计要求**。

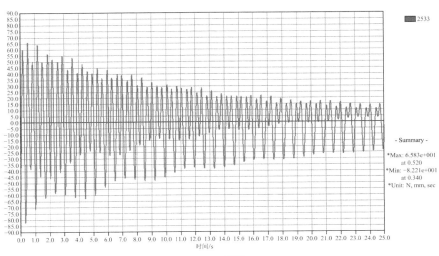

1.46Hz 激励

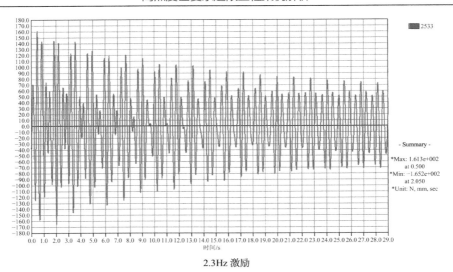

2.3Hz 激励

图 2.8-3　连桥中部竖向振动加速度时程曲线

在连桥中部添加 TMD，TMD 参数按表 2.8-14 选取（连桥中部添加 4 个 TMD，单个质量 0.5t）。

空中连桥 TMD 参数汇总　　　　　表 2.8-14

结构质量/t	质量比	频率比	阻尼比	
149.2	1.3%	0.987	0.0685	
TMD 总质量/t	TMD 单个质量 m/t	TMD 数量 n	刚度 K/（N/m）	阻尼 c/（N·s/m）
2	0.5	4	649085	4908.5

添加 TMD 后的连桥竖向振动加速度减小到 $0.084\text{m/s}^2 < 0.15\text{m/s}^2$（减振率 48%），满足设计要求。

对室内连桥需补充横向振动舒适度验算。连桥一阶横向自振频率 8.9Hz（图 2.8-4）远大于规范要求的 1.2Hz，说明桥体横向刚度很大。此时，横向荷载折减系数 = 0，可以认为横向振动舒适度满足设计要求。

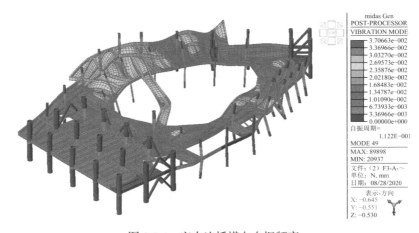

图 2.8-4　室内连桥横向自振频率

2）南馆 F4、F5 层大悬挑

取激励荷载频率 $f_1 = 1.61\text{Hz}$ 和 1.95Hz，行人密度 1.5 人/m²，激振区域面积 1286m²（F5）+ 1496m²（F6），区域总人数 1929（F5）+ 2244（F6）人。激励函数布置位置、加速度提取点位及计算得到加速度如图 2.8-5～图 2.8-7、表 2.8-15 所示，可见最大竖向振动加速度峰值为 **0.354m/s² > 0.15m/s²，不满足舒适度设计要求**。

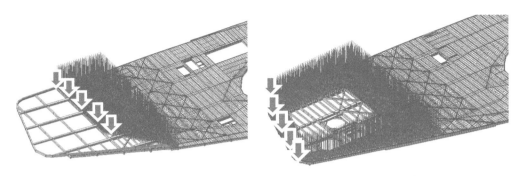

图 2.8-5　大悬挑结构节点动力荷载加载区域及加速度提取点位

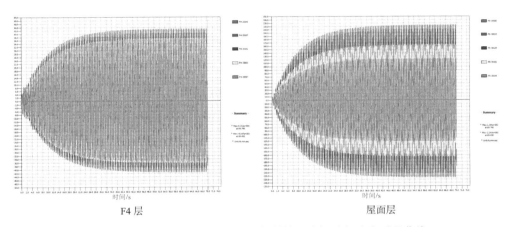

F4 层　　　　　　　　　　　　屋面层

图 2.8-6　1.61Hz 激励荷载下大悬挑结构竖向振动加速度时程曲线

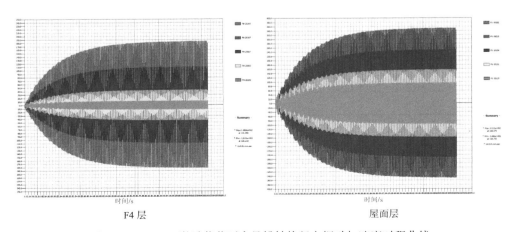

F4 层　　　　　　　　　　　　屋面层

图 2.8-7　1.95Hz 激励荷载下大悬挑结构竖向振动加速度时程曲线

不同激励频率下不同楼层竖向振动加速度统计表　　　　表 2.8-15

激励频率/Hz	下层加速度/（m/s²）	上层加速度/（m/s²）
1.61Hz	0.043 < 0.15	0.224 > 0.15
1.95Hz	0.185 > 0.15	0.354 > 0.15

在大悬挑结构端头添加 TMD，布置位置见图 2.8-8。

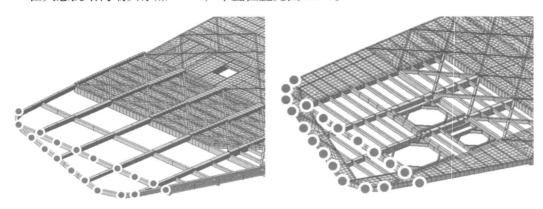

图 2.8-8　TMD 布置图

TMD 参数按表 2.8-16 选取（图 2.8-8 每点代表 4 个 TMD）。

大悬挑结构 TMD 参数汇总表　　　　表 2.8-16

结构质量/t	质量比	频率比	阻尼比	
6179	1.84%	0.98	0.084	
TMD 总质量/t	TMD 数量 n	TMD 单个质量 m/t	刚度 K/（N/m）	阻尼 c/（N·s/m）
114	152	0.75	73928	1219

添加 TMD 后的加速度如表 2.8-17 所示，可见竖向振动加速度由最大 0.354m/s² 减小到 0.056m/s² < 0.15m/s²，减振率 84%，满足设计要求。

不同激励频率下添加 TMD 后不同楼层竖向振动加速度统计表　　　　表 2.8-17

激励频率/Hz	下层加速度/（m/s²）	上层加速度/（m/s²）
1.61Hz	0.015 < 0.15	0.046 < 0.15
1.95Hz	0.024 < 0.15	0.056 < 0.15

3）中部长连桥

取激励荷载频率 $f_1 = 1.50$Hz 和 2.3Hz，行人密度 1.5 人/m²，激振区域面积 2847m²（F5）+ 1743m²（F6），区域总人数 5086（F5）+ 3414（F6）人。激励函数布置位置、加速度提取点位及计算得到加速度如图 2.8-9 和表 2.8-18 所示，可见 1.5Hz 时连桥达到共振，最大竖向振动加速度峰值为 **0.283m/s² > 0.15m/s²，不满足舒适度要求**。2.3Hz 时连桥并未共振，竖向振动加速度满足要求。

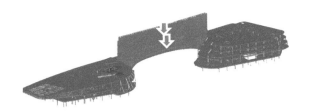

图 2.8-9　中部长连桥节点动力荷载加载区域及加速度提取点位

不同激励频率下不同楼层竖向振动加速度统计表　　　　　　　　　表 2.8-18

激励频率/Hz	下层加速度/（m/s²）	上层加速度/（m/s²）
1.5Hz	0.283 > 0.15	0.268 > 0.15
2.3Hz	0.006 < 0.15	0.006 < 0.15

在中部长连桥添加 TMD，布置位置如图 2.8-10 所示（每点代表 2 个 TMD）。

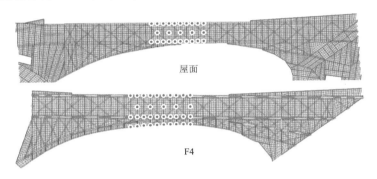

图 2.8-10　中部长连桥 TMD 布置点位

由于大悬挑结构振动仅受一阶振动控制，因此仅添加一种类型的 TMD，其参数按表 2.8-19 选取。

中部长连桥结构 TMD 参数汇总表　　　　　　　　　表 2.8-19

结构质量/t	质量比	频率比	阻尼比	
9120	1.75%	0.983	0.079	
TMD 总质量/t	TMD 数量 n	TMD 单个质量 m/t	刚度 K/（N/m）	阻尼 c/（N·s/m）
120	120	1	85797	1462

鉴于连桥竖向振动加速度控制的重要性，增加连桥竖向振动扫频分析。按规范相关要求，连桥激励时程频率选为 1.3～2.3Hz，扫频间隔为 0.1s，各激励荷载下的最大加速度如表 2.8-20 所示。

同楼层竖向振动最大加速度统计表　　　　　　　　　表 2.8-20

激励频率/Hz	楼层	最大加速度/（m/s²）
1.3	上层	0.003 < 0.150
	下层	0.003 < 0.150

激励频率/Hz	楼层	最大加速度/（m/s²）
1.4	上层	0.017 < 0.150
	下层	0.016 < 0.150
1.5	上层	0.110 < 0.150
	下层	0.118 < 0.150
1.6	上层	0.091 < 0.150
	下层	0.087 < 0.150
1.7	上层	0.055 < 0.150
	下层	0.051 < 0.150
1.8	上层	0.035 < 0.150
	下层	0.038 < 0.150
1.9	上层	0.030 < 0.150
	下层	0.028 < 0.150
2.0	上层	0.026 < 0.150
	下层	0.024 < 0.150
2.1	上层	0.023 < 0.150
	下层	0.022 < 0.150
2.2	上层	0.012 < 0.150
	下层	0.010 < 0.150
2.3	上层	0.005 < 0.150
	下层	0.005 < 0.150

可见竖向振动加速度由最大 0.283m/s^2 减小到 $0.118\text{m/s}^2 < 0.15\text{m/s}^2$，减振率 58.3%，满足设计要求。

2.8.7　风荷载及风振舒适度

本工程存在超大长度的悬挑和超大跨度的连桥，应进行风洞试验。此处仅进行 YJK 程序自动加载的风荷载，待风洞结果出来后再进行精细计算。

风荷载作用下，楼层的最大层间位移角： X 方向：1/5192；Y 方向：1/9999，均小于《高钢规》1/250 的限值要求。

风振舒适度验算：

风荷载下结构顶点的风振加速度：

X 向顺风向顶点最大加速度 $= 0.010\text{m/s}^2$

X 向横风向顶点最大加速度 $= 0.001\text{m/s}^2$

Y 向顺风向顶点最大加速度 $= 0.007\text{m/s}^2$

Y 向横风向顶点最大加速度 $= 0.001\text{m/s}^2$

根据计算结果，风荷载下结构顶点的风振加速度均小于《钢管混凝土结构技术规范》规定的办公建筑小于 0.25m/s² 的要求。风荷载下结构的舒适度计算结果以具体的风洞试验为准。

2.8.8 温度作用应力分析及对策

本工程南馆、北馆加连廊总长 420m，地下室平面尺寸为 420m×110m，属于超长结构，应考虑温度作用应力进行分析。为了减小温度和收缩效应，在施工中拟采取以下措施：

（1）在结构中预留后浇带。地下室后浇带的布置结合施工组织确定，间距约为 50m，混凝土浇筑完成后 2 个月左右封闭后浇带。地上钢结构部分，混凝土楼板上预留后浇带，后浇带钢梁支座处设椭圆孔安装定位螺栓，混凝土后浇带封闭前予以焊接连接。若有必要时设置后浇跨，释放温度应力。

（2）根据西安市气温统计资料，控制连体合拢温度。

采取以上措施后，混凝土早起收缩引起的应力将得到控制。同时，对结构在整个施工阶段及后续过程中的温度应力进行分析。分析过程中考虑以下几点：

（1）采用带有地下室的整体模型进行分析。

（2）考虑钢梁、混凝土板的连接栓钉与混凝土之间的相对微应变松弛效应，楼板的温差收缩效应折减系数取为 0.5。

2.8.8.1 温度作用取值

根据西安市气温统计资料选取温度作用（表 2.8-21）。

西安市气温统计资料（单位：℃）　　　　　　　表 2.8-21

月份	1	2	3	4	5	6	7	8	9	10	11	12
平均温度	1.0	5.0	11.5	17.5	22.5	27.5	30	28	22.5	16.5	8.5	2.5
极端低温	−13	−8	−2	3	10	14	18	15	10	0	−3	−8
极端高温	14	22	30	35	36	38	41	39	35	31	24	16

建筑从施工到使用，结构构件所经历的整体温差可分为施工期、空置期及使用期三个阶段。施工期阶段，预留后浇带，能解决施工期间的混凝土收缩及温度作用应力；空置期阶段，内外墙保温无法施工，整体温差 = 结构构件经历最不利温度 − 合拢温度；使用期阶段，考虑建筑保温及空调供暖，整体温差 = 结构构件经历最不利温度 − 合拢温度。

按照施工进度，合拢时间约为 3 月初，考虑合拢温度为 15℃。由于项目特殊性，从合拢开始到内部装修施工，需要经历长达一年的空置期。此过程中没有内外墙保温无法施工，虽然可以通过覆盖措施减轻太阳辐射造成的局部温差，但结构构件经历的最不利温度应取基本气温（$T_{max} = 37℃$，$T_{min} = -9℃$）。整体温升 = 22℃，整体温降 = −24℃。

使用期阶段，考虑建筑保温及空调供暖，最不利工况可取为 $T_{max} = 30℃$，$T_{min} = 15℃$。整体温升 = 25℃，整体温降 = 0℃。

最终地下室以上钢结构起控制作用的工况为整体温升 = 25℃，整体温降 = −24℃。

地下二层温度工况取为整体温升 = 5℃，整体温降 = −5℃。

地下一层温度工况取为地下二层与一层温差平均值，温度作用工况为整体温升 = 15℃，

整体温降 $= -15℃$。

2.8.8.2 温度作用对混凝土板的影响

通过分析各层楼板在温升温降工况下最大主应力云图可知，除连廊及地下室顶板外，各层典型区域（占本楼层面积80%以上）混凝土楼板主拉应力均不大于C35混凝土轴心抗拉强度标准值2.2MPa。典型区域楼板的受力统计及配筋需求见表2.8-22。部分应力集中区域可考虑拉应力由钢筋承担。表2.8-22同时给出典型区域通长钢筋需求。

典型区域楼板的受力统计及配筋需求   表 2.8-22

楼层		典型区域楼板拉力/（kN/m）	板厚/mm	典型区域楼板拉应力/MPa	典型区域通长钢筋配筋面积需求/（mm²/m）	典型区域通长钢筋最小配筋量
屋面		100	120	0.83	≥278	≥2ϕ8@200
七层顶板		100	150	0.67	≥278	≥2ϕ8@200
六层顶板	北馆	250	150	1.67	≥694	≥2ϕ10@200
	连廊	260	150	1.72	≥722	≥2ϕ10@200
	南馆	195	120	0.78	≥542	≥2ϕ10@200
五层顶板	北馆	115	150	0.76	≥320	≥2ϕ8@200
	连廊	400	120	3.35	≥1111	≥2ϕ12@200
	南馆	175	120	1.45	≥486	≥2ϕ8@200
三至四层顶板		100	120	0.83	≥278	≥2ϕ8@200
二层顶板		150	120	1.25	≥417	≥2ϕ8@200
地下室顶板		450	180	2.7	≥1250	≥2ϕ14@200

控制工况作用下，各层楼板主拉应力基本都在 2.5MPa 以内，仅连廊局部位置超过2.5MPa。

整体温升工况下，与连廊所在层相连的框架梁、框架柱及支撑内力变化明显，延伸范围较大。一层钢柱在温升工况下应力变化较为明显，但应力值不超过 50MPa。各层桥墩处框架柱及支撑内力变化较大，其他框架梁、框架柱、支撑内力变化不明显。

2.8.8.3 主要结论

通过对整体结构进行温差分析，得到了本工程初步温度作用效应计算结果。结构设计将对温度作用效应计算所揭示的受力不利部位予以加强，同时采取设计施工针对性措施如下：

（1）合拢温度应控制在 15℃ 左右。

（2）设置后浇带。地下室部分设置后浇带，钢结构部分，钢梁设置后浇跨，释放温度应力。

（3）钢结构部分后浇跨滞后封闭，进入装修期后选择低温月合拢。

（4）加强连体上下层范围内框架梁、桥墩框架柱及支撑构件截面。

（5）加强连体上下两层楼板配筋，局部按计算结果加短钢筋。

（6）控制工况作用下，各层楼板主拉应力基本都在 2.5MPa 以内，仅连廊局部位置超过 2.5MPa。

整体温升工况下，与连桥所在层相连的框架梁、框架柱及支撑内力变化明显，延伸范围较大。其他各层桥墩处框架柱及支撑内力变化较大，其他框架梁、框架柱、支撑内力变化不明显。

2.8.9　弹性时程分析的补充计算

2.8.9.1　输入地震时程

根据《高钢规》第 5.3.3 条要求，在波形的数量上，采用 5 组自然波和 2 组人工时程波，每组时程波包含两个方向的分量。波形的选择上，在符合有效峰值、持续时间等方面的要求外，要满足基底剪力及高阶振型方面的有关要求。对于有效峰值，多遇地震弹性时程分析，本工程处于 8 度地震区，设计基本地震加速度为 0.20g，峰值为 70cm/s^2。对于持续时间，根据《高规》不宜小于建筑结构基本自振周期的 5 倍和 15s 的要求，针对本工程基本周期，选用 35s 的有效时程长度。图 2.8-11～图 2.8-17 为部分小震弹性时程波的波形及相关信息。

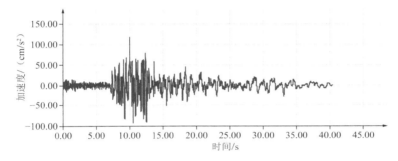

图 2.8-11　天然波 1 加速度时程曲线（Chuetsu-oki_Japan_NO_4854）

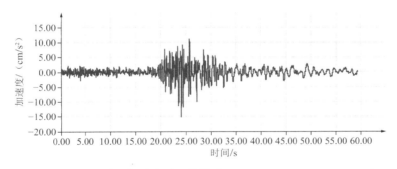

图 2.8-12　天然波 2 加速度时程曲线（Chuetsu-oki_Japan_NO_5208）

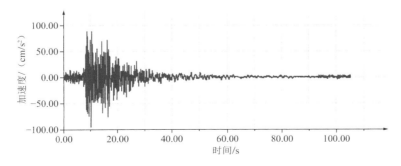

图 2.8-13　天然波 3 加速度时程曲线（Chuetsu-oki_Japan_NO_5291）

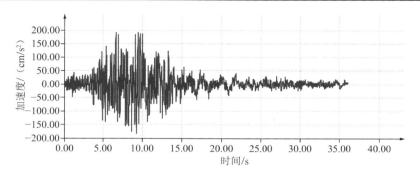

图 2.8-14　天然波 4 加速度时程曲线（Iwate_Japan_NO_5815）

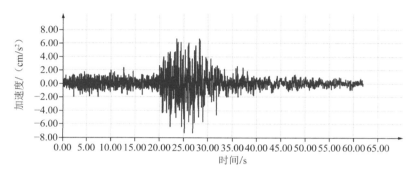

图 2.8-15　天然波 5 加速度时程曲线（Niigata_Japan_NO_6519）

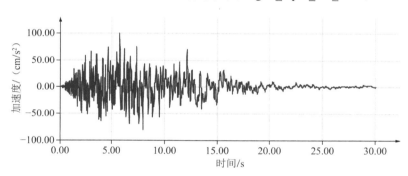

图 2.8-16　人工波 1 加速度时程曲线（ArtWave-RH1TG040）

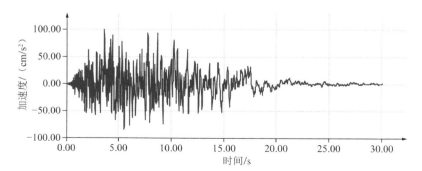

图 2.8-17　人工波 2 加速度时程曲线（ArtWave-RH4TG040）

图 2.8-18 为以上 7 组地震波与规范反应谱的对比图。

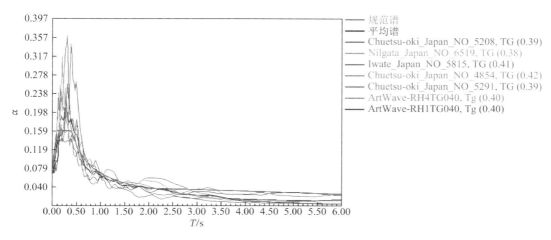

图 2.8-18 所选地震波与规范反应谱对比图

2.8.9.2 地震时程反应分析结果

根据弹性时程分析所得的基底反力，上述 7 组时程曲线X和Y方向地震作用下的基底剪力处于 86%～159%之间，且平均值为反应谱的 119%，满足规范和超限审查的各项要求。

2.8.9.3 时程分析对反应谱分析法的内力调整

本工程设计中按规范要求，将 7 条动力时程波各层剪力的平均值与反应谱进行比较，将放大调整系数按X及Y分方向对反应谱分析结果进行调整。其X与Y方向具体计算结果见表 2.8-23 和表 2.8-24。

小震时程分析与反应谱楼层剪力对比（X向） 表 2.8-23

层号	塔号	时程法剪力/kN	反应谱法剪力/kN	比值	放大系数
13	2	32886.717	26399.172	1.246	1.246
12	2	47559.483	40878.326	1.163	1.163
11	2	51261.374	45992.1	1.115	1.115
10	2	70182.356	58771.742	1.194	1.194
9	1	13589.236	10883.325	1.249	1.249
8	1	17555.136	14916.372	1.177	1.177
7	1	22141.068	21315.308	1.039	1.039
6	1	27108.006	27142.647	0.999	1
5	1	29239.298	30382.178	0.962	1

续表

层号	塔号	时程法剪力/kN	反应谱法剪力/kN	比值	放大系数
4	1	31355.074	33710.559	0.93	1
3	1	35798.683	37080.853	0.965	1

注：塔号 1 为北馆，塔号 2 为南馆。

小震时程与反应谱基底剪力对比（Y向） 表 2.8-24

层号	塔号	时程法剪力/kN	反应谱法剪力/kN	比值	放大系数
13	2	23079.09	19683.195	1.173	1.173
12	2	39137.908	32904.971	1.189	1.189
11	2	43628.684	37702.956	1.157	1.157
10	2	57406.257	48184.718	1.191	1.191
9	1	14820.574	12705.239	1.166	1.166
8	1	19293.58	16860.251	1.144	1.144
7	1	24759.182	22602.018	1.095	1.095
6	1	33170.025	30146.591	1.1	1.1
5	1	37011.16	33662.817	1.099	1.099
4	1	38889.628	36305.944	1.071	1.071
3	1	39986.311	39045.964	1.024	1.024

注：塔号 1 为北馆，塔号 2 为南馆。

2.8.9.4　时程分析与反应谱分析其他结果对比

弹性时程分析与振型分解反应谱法楼层位移对比曲线如图 2.8-19 和图 2.8-20 所示。

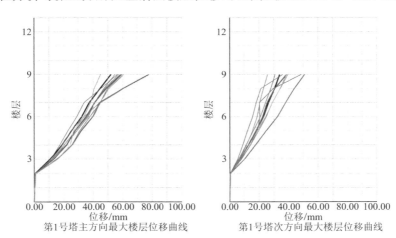

第1号塔主方向最大楼层位移曲线　　第1号塔次方向最大楼层位移曲线

图 2.8-19　北馆小震时程与反应谱楼层位移曲线对比

（图中黑色粗实线为反应谱法结果，以下同）

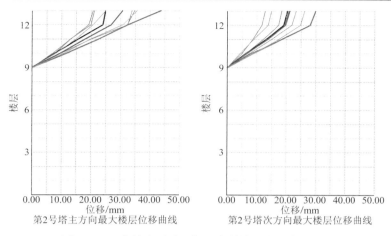

图 2.8-20　南馆小震时程与反应谱楼层位移曲线对比

弹性时程分析与振型分解反应谱法层间位移角对比曲线如图 2.8-21 和图 2.8-22 所示。

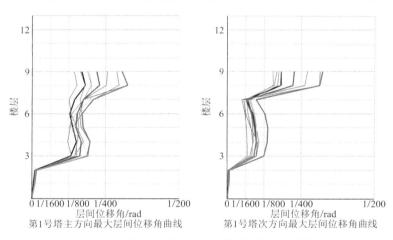

图 2.8-21　北馆小震时程与反应谱层间位移角曲线对比

（图中黑色粗实线为反应谱法结果，以下同）

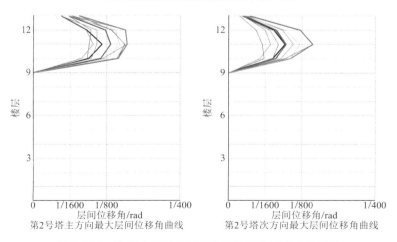

图 2.8-22　南馆小震时程与反应谱层间位移角曲线对比

弹性时程分析总结：

（1）每条时程曲线计算所得的结构底部剪力均大于振型分解反应谱法计算结果的65%，三条时程曲线计算所得的结构底部剪力平均值大于振型分解反应谱法计算结果的80%，因此选用的地震波满足规范的相关要求。

（2）时程分析法与振型分解反应谱法计算结果显示，二者计算的结构反应特征、变化规律基本一致，结果合理可信。

（3）由各楼层地震剪力的对比可知，结构各层层间剪力略大于反应谱法计算结果，因此在施工图设计计算中将各层反应谱地震力按表 2.8-23、表 2.8-24 数据放大进行构件的设计和计算。

2.9 设防烈度地震和罕遇地震下结构构件验算

2.9.1 计算参数

按照 2.7.3 节设定的性能目标要求，针对不同的构件进行中震不屈服验算、中震弹性验算以及大震不屈服验算等。计算采用 YJK 软件，计算参数见表 2.9-1。

2.9.2 关键构件验算

根据结构的重要性程度及破坏后的影响，需要对关键构件进行加强处理。本工程中关键构件主要包括悬挑桁架，与悬挑桁架直接相连的框架支撑及框架柱，连桥桁架根部弦杆和腹杆，与连桥直接相连的框架支撑及框架柱。各部分的验算结果如下：

中震和大震计算参数

表 2.9-1

计算参数	中震弹性	中震不屈服	大震不屈服
作用分项系数	同小震弹性	1.0	1.0
材料分项系数	同小震弹性	1.0	1.0
抗震承载力调整系数	同小震弹性	1.0	1.0
材料强度	采用设计值	采用标准值	采用标准值
活荷载最不利布置	不考虑	不考虑	不考虑
风荷载计算	不考虑	不考虑	不考虑
周期折减系数	1	1	1
地震作用影响系数	0.45	0.45	0.9
阻尼比	0.04	0.04	0.05
特征周期/s	0.40	0.40	0.45
构件内力调整	不调整	不调整	不调整
双向地震作用	考虑	考虑	考虑
偶然偏心	不考虑	不考虑	不考虑
中梁刚度放大系数	按《高钢规》取值	按《高钢规》取值	1.0
计算方法	等效弹性计算	等效弹性计算	等效弹性计算

2.9.2.1　悬挑桁架验算

按照设定的性能目标要求，悬挑桁架及与悬挑桁架直接相连的框架支撑、框架柱为关键构件，需要满足中震弹性、大震不屈服的设计要求。

根据悬挑桁架下弦及与其直接相连的框架支撑、框架柱在中震弹性阶段的验算结果（应力比），构件承载力均处于弹性的设计状态，悬挑桁架下弦应力比介于 0.69～0.82 之间，框架柱的最大应力比达到 0.5，框架梁应力比最大值为 0.6，支撑应力比最大值为 0.74，均小于 1.0，满足中震弹性的性能要求。

根据悬挑桁架下弦及与其直接相连的框架支撑、框架柱在大震不屈服阶段的验算结果（应力比），构件承载力均处于不屈服的设计状态，悬挑桁架下弦应力比介于 0.76～0.96 之间，框架柱的最大应力比达到 0.76，支撑应力比最大值为 0.63，均小于 1.0，满足大震不屈服的性能要求。

2.9.2.2　连桥验算

按照设定的性能目标要求，连桥桁架根部弦杆和腹杆，与连桥直接相连的框架支撑及框架柱为关键构件，需要满足中震弹性、大震不屈服的设计要求。

根据连桥桁架根部弦杆和腹杆，与连桥直接相连的框架支撑及框架柱在中震弹性阶段的验算结果可以看出，构件承载力均处于弹性的设计状态，连桥桁架下弦应力比最大值为 0.46，框架柱的最大应力比达到 0.42，框架梁应力比最大值为 0.46，支撑应力比最大值为 0.37，均小于 1.0，均满足中震弹性的性能要求。

根据连桥桁架下弦及与其直接相连的框架支撑、框架柱在大震不屈服阶段的验算结果可以看出，构件承载力均处于不屈服的设计状态，连桥桁架下弦应力比最大值为 0.56，框架柱的最大应力比达到 0.62，支撑应力比最大值为 0.47，都能满足大震不屈服的性能要求。

2.9.3　连桥典型桁架节点有限元分析

选取连桥的关键节点进行计算，采用通用有限元程序 ANSYS 进行分析，采用 SHELL63 单元进行模拟。SHELL63 单元为 4 节点弹性壳单元，具有弯曲和膜特性，能承受面内和法向荷载。该单元的每个节点有 6 个自由度，即沿节点坐标系 X、Y 和 Z 方向的平动位移和绕各轴的转动位移。

连桥节点主要由下弦杆、斜腹杆、水平撑组成，下弦杆梁端采用铰接约束。连桥典型节点各受力构件均采用壳体单元 SHELL63 模拟，有限元模型如图 2.9-1 所示。

节点内力从 YJK 大震作用下的分析结果提取，在 YJK 分析模型中，斜腹杆与下弦杆铰接，水平杆与下弦杆采用铰接。故在节点分析中，提取斜腹杆轴力，水平杆轴力，设计指标为大震不屈服。节点大震的基本组合值如表 2.9-2 所示（对比了各种设计工况下，下弦杆及斜腹杆、水平杆的内力，可知由竖向地震控制的组合内力最大，这主要是由于此部分节点位于连桥桁架的下弦杆处，竖向力起控制作用，故表中数据只列出了最不利工况下的内力）。

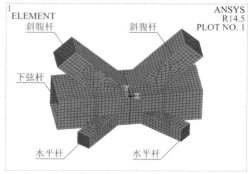

图 2.9-1　连桥典型节点有限元模型

节点最不利工况 43 内力　　　　　　表 2.9-2

设计阶段	下弦杆			斜腹杆	水平杆
	弯矩/（kN·m）	轴力/kN	剪力/kN	轴力/kN	轴力/kN
大震	540	22000	2300	23814.3	−900

注：大震不屈服的最不利工况为：$1.0D + 0.5L + 0.4E_v + E_z$。

大震不屈服阶段，提取节点构件最不利工况的 von Mises 薄膜应力及薄膜加弯曲应力、应变以及节点变形如图 2.9-2 所示。

由图中数据可知，斜腹杆与桁架下弦的应力最大，有局部的变形，最大应力为 332MPa < 400MPa（钢材屈服强度），**满足大震不屈服的性能设计要求**。节点整体应变为 0.27%，节点最大变形为 3.3312mm，出现在左侧斜腹杆上。斜腹杆最大应力为 347MPa，出现在与下弦杆连接处；下弦杆最大应力为 175MPa，水平杆最大应力为 84.2MPa。节点附近各杆件最大应力均未达到钢材的屈服强度。

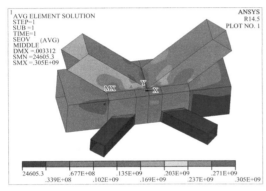 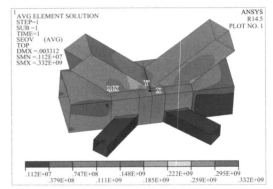

(a) 最不利工况 43 薄膜应力　　　　　　(b) 最不利工况 43 薄膜加弯曲应力

图 2.9-2　节点整体应力云图

2.9.4　悬挑桁架典型节点有限元分析

选取悬挑桁架根部上下弦杆关键节点进行计算，采用通用有限元程序 ANSYS 中 SHELL63 单元进行模拟，有限元模型如图 2.9-3 所示。节点不利工况内力见表 2.9-3。

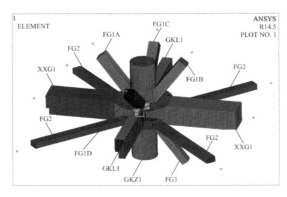

图 2.9-3　节点有限元模型

节点不利工况内力　　　　　　　　　　　　　　　　表 2.9-3

杆件	工况 41			工况 43			工况 45		
	弯矩/ （kN·m）	剪力/ kN	轴力/ kN	弯矩/ （kN·m）	剪力/ kN	轴力/ kN	弯矩/ （kN·m）	剪力/ kN	轴力/ kN
FG1A	—	—	−13000	—	—	−14000	—	—	−13000
FG1B	—	—	−15000	—	—	−12800	—	—	−15000
FG1C	—	—	−18000	—	—	−19000	—	—	−18000
FG1D	—	—	−1900	—	—	−11000	—	—	−5000
XXG1	−43000	—	−70000	−43000	—	−70000	−47000	—	−75000
FG2	—	—	−5300	—	—	−7000	—	—	−6000
GKZ1	—	—	−82000	—	—	−91000	—	—	−82000
FG3	—	—	−12000	—	—	−11000	—	—	−20000
GKL1	−7800	—	−5800	−7400	—	−4600	−6700	—	−6000

注：1. 工况 41 为：$1.0D + 0.5L - E_x + E_z$。
　　2. 工况 43 为：$1.0D + 0.5L + 0.4E_x + E_z$。
　　3. 工况 45 为：$1.0D + 0.5L - 0.4E_x + E_z$。

节点最不利工况为 43，节点由钢柱 GKZ1、下弦杆 XXG1、水平梁 GKL1、斜腹杆 FG1A～FG1D 及水平杆 FG2 组成，GKZ1 最大应力为 340MPa，XXG1 最大应力为 365MPa，GKL1 最大应力为 164MPa，均小于钢材屈服强度。节点整体最大应力为 456MPa，最大应力位置出现在外环转角处，为应力集中区域，节点各组件在最不利工况下均未屈服（图 2.9-4）。因此节点**满足大震不屈服的性能设计要求**。节点实景图见图 2.9-5。

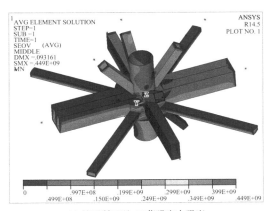

(a) 最不利工况 43 薄膜应力强度

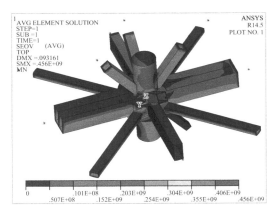

(b) 最不利工况 43 薄膜加弯曲应力强度

图 2.9-4　节点整体应力云图

图 2.9-5　节点实景图

2.10　结构动力弹塑性时程分析

2.10.1　弹塑性分析目的及软件介绍

2.10.1.1　分析目的

　　罕遇地震作用下，结构将进入非线性，刚度变化引起内力重分布，这与弹性阶段内力分布表现出较大的差异。为保证大震作用下结构的安全，量化结构的非线性性能水平，有必要对结构进行大震弹塑性分析。本工程高度较高，上部结构存在大悬挑，结构平面、竖向布置不规则，属于超限结构，因此通过大震弹塑性时程分析评估结构罕遇地震作用下的性能表现。结构进行弹塑性时程分析的主要目的如下：

　　（1）研究结构在大震情况下的弹塑性宏观表现，如刚度退化、能量耗散、内力重分布情况等。

　　（2）研究结构在大震情况下的楼层位移、层间位移角、楼层剪力等楼层性能指标。

　　（3）用量化指标研究结构构件的非线性开展情况，保证结构构件不发生严重损坏，确保结构关键部位的安全。

　　（4）综合以上指标，实现结构"大震不倒"或"大震不丧失使用功能"的设防目标。

2.10.1.2　分析软件介绍

　　目前常用的弹塑性分析方法从分析理论上分有静力弹塑性（Pushover）和动力弹塑性两类，从数值积分方法上分有隐式积分和显式积分两类。本工程的弹塑性分析将采用基于显式积分的动力弹塑性分析方法，这种分析方法未作任何理论的简化，直接模拟结构在地震力作用下的非线性反应，具有如下优越性：

　　（1）完全的动力时程特性：直接将地震波输入结构进行弹塑性时程分析，可以较好地反映在不同相位差情况下构件的内力分布，尤其是楼板的反复拉压受力状态。

　　（2）几何非线性：结构的动力平衡方程建立在结构变形后的几何状态上，"$P\text{-}\Delta$"效应、非线性屈曲效应等都被精确考虑。

　　（3）材料非线性：直接在材料应力-应变本构关系的水平上模拟。

（4）采用显式积分，可以准确模拟结构的破坏情况直至倒塌形态。

计算软件采用由广州建研数力建筑科技有限公司开发的新一代"GPU＋CPU"高性能结构动力弹塑性计算软件 SAUSAGE（Seismic Analysis Usage），它运用一套新的计算方法，可以准确模拟梁、柱、支撑、剪力墙（混凝土剪力墙和带钢板剪力墙）和楼板等结构构件的非线性性能，使实际结构的大震分析具有计算效率高、模型精细、收敛性好的特点。SAUSAGE 软件经过大量的测试，可用于实际工程在罕遇地震下的性能评估，具有以下特点：

（5）未作理论上的简化，直接对结构虚功原理导出的动力微分方程求解，求解结果更加准确可靠。

（6）材料应力-应变层级的精细模型，一维构件采用非线性纤维梁单元，沿截面和长度方向分别积分。二维壳板单元采用非线性分层单元，沿平面内和厚度方向分别积分。特别是，楼板也按二维壳单元模拟。

（7）高性能求解器：采用 Pardiso 求解器进行竖向施工模拟分析，显式求解器进行大震动力弹塑性分析。

（8）动力弹塑性分析中的阻尼计算创造性地提出了"拟模态阻尼计算方法"，其合理性优于通常的瑞利阻尼形式。

2.10.1.3　非线性地震反应分析模型

1）材料模型

（1）钢材

钢材的动力硬化模型如图 2.10-1 所示，钢材的非线性材料模型采用双线性随动硬化模型，在循环过程中，无刚度退化，考虑了包辛格效应。钢材的强屈比设定为 1.2，极限应力所对应的极限塑性应变为 0.025。

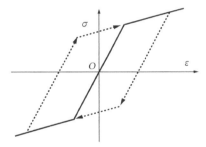

图 2.10-1　钢材的动力硬化模型

（2）混凝土材料

一维混凝土材料模型采用规范指定的单轴本构模型，能反映混凝土滞回、刚度退化和强度退化等特性，其轴心抗压和轴心抗拉强度标准值按《混凝土结构设计规范》表 4.1.3 采用。

混凝土单轴受拉的应力-应变曲线方程按规范附录 C 公式(C.2.3-1)～公式(C.2.3-4)计算。

$$\sigma = (1-d_{\mathrm{t}})E_{\mathrm{c}}\varepsilon \tag{C.2.3-1}$$

$$d_{\mathrm{t}} = \begin{cases} 1-\rho_{\mathrm{t}}[1.2-0.2x^5] & x \leqslant 1 \\ 1-\dfrac{\rho_t}{\alpha_{\mathrm{t}}(x-1)^{1.7}+x} & x > 1 \end{cases} \tag{C.2.3-2}$$

$$x = \frac{\varepsilon}{\varepsilon_{\mathrm{t,r}}} \tag{C.2.3-3}$$

$$\rho_{\mathrm{t}} = \frac{f_{\mathrm{t,r}}}{E_{\mathrm{c}}\varepsilon_{\mathrm{t,r}}} \tag{C.2.3-4}$$

式中 α_{t}、$\varepsilon_{\mathrm{t,r}}$ 为规范表 C.2.3 中参数。

混凝土单轴受压的应力-应变曲线方程按规范附录 C 公式(C.2.4-1)～公式(C.2.4-5)计算。

$$\sigma = (1-d_{\mathrm{c}})E_{\mathrm{c}}\varepsilon \tag{C.2.4-1}$$

$$d_{c} = \begin{cases} 1 - \dfrac{\rho_{c}n}{n-1+x^{n}} & x \leqslant 1 \\ 1 - \dfrac{\rho_{c}}{\alpha_{c}(x-1)^{2}+x} & x > 1 \end{cases} \qquad (\text{C.2.4-2})$$

$$\rho_{c} = \frac{f_{c,r}}{E_{c}\varepsilon_{c,r}} \qquad (\text{C.2.4-3})$$

$$n = \frac{E_{c}\varepsilon_{c,r}}{E_{c}\varepsilon_{c,r} - f_{c,r}} \qquad (\text{C.2.4-4})$$

$$x = \frac{\varepsilon}{\varepsilon_{t,r}} \qquad (\text{C.2.4-5})$$

式中 α_{c}、$\varepsilon_{t,r}$ 为规范表 C.2.4 中参数。

混凝土材料进入塑性状态伴随着刚度的降低。如应力-应变及损伤示意图（图 2.10-2、图 2.10-3）所示，其刚度损伤分别由受拉损伤参数 d_{t} 和受压损伤参数 d_{c} 来表达，d_{t} 和 d_{c} 由混凝土材料进入塑性状态的程度决定。

二维混凝土本构模型采用弹塑性损伤模型，该模型能够考虑混凝土材料拉压强度差异、刚度及强度退化以及拉压循环裂缝闭合呈现的刚度恢复等性质。

当荷载从受拉变为受压时，混凝土材料的裂缝闭合，抗压刚度恢复至原有抗压刚度；当荷载从受压变为受拉时，混凝土的抗拉刚度不恢复，如图 2.10-4 所示。

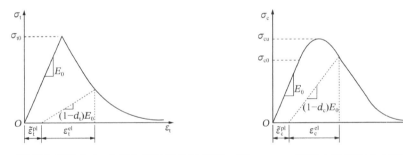

图 2.10-2　混凝土受拉应力-应变曲线及损伤示意图　　图 2.10-3　混凝土受压应力-应变曲线及损伤示意图

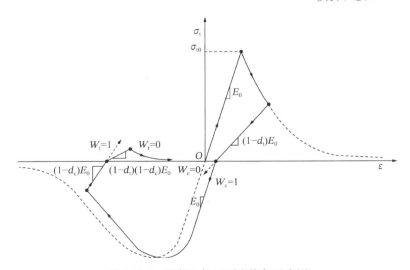

图 2.10-4　混凝土拉压刚度恢复示意图

2）杆件弹塑性模型

杆件非线性模型采用纤维束模型，如图 2.10-5 所示，主要用来模拟梁、柱、斜撑和桁架等构件。

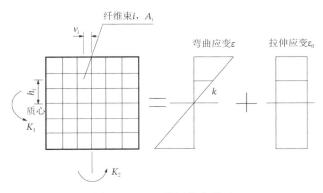

图 2.10-5　一维纤维束单元

纤维束可以是钢材或者混凝土材料，根据已知的 κ_1、κ_2 和 ε_0，可以得到纤维束 i 的应变为：$\varepsilon_0 = \kappa_1 \times h_i + \varepsilon_0 + \kappa_2 \times \upsilon_i$，其截面弯矩 M 和轴力 N 为：

$$M = \sum_{i=1}^{n} A_i \times h_i \times f(\varepsilon_i)$$

$$N = \sum_{i=1}^{n} A_i \times f(\varepsilon_i)$$

其中 $f(\varepsilon_i)$ 为由前面描述的材料本构关系得到的纤维应力。

应该指出，进入塑性状态后，由于梁单元的轴力作用，轴向伸缩亦相当明显，不容忽略。所以，梁和柱均应考虑其弯曲和轴力的耦合效应。

由于采用了纤维塑性区模型而非集中塑性铰模型，杆件刚度由截面内和长度方向动态积分得到，其双向弯压和弯拉的滞回性能可由材料的滞回性来精确表现，如图 2.10-6 所示，同一截面的纤维逐渐进入塑性，而在长度方向亦是逐渐进入塑性。

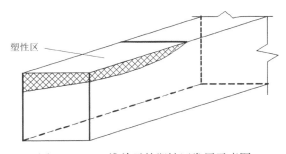

图 2.10-6　一维单元的塑性区发展示意图

除使用纤维塑性区模型外，一维杆件弹塑性单元还具有如下特点：

（1）Timoshenko 梁可剪切变形。

（2）为 C0 单元，转角和位移分别插值。

3）剪力墙和楼板非线性模型

剪力墙、楼板采用弹塑性分层壳单元，该单元具有如下特点：

（1）可采用弹塑性损伤模型本构关系（Plastic-damage）。

（2）可叠加 Rebar-layer 考虑多层分布钢筋的作用。

（3）适合模拟剪力墙和楼板在大震作用下进入非线性的状态。

4）整体分析模型

建筑结构有限元分析中为减少计算工作量，通常对楼板采用刚性楼板假定，其实质是通过节点耦合的方法，约束同层内各节点的X、Y相对距离不变。这一假定在小变形和弹性阶段是可以接受的。但在考虑大变形的弹塑性阶段，尤其是对超高层建筑，其顶点位移多在 1m 以上，结构上部楼板已出现了明显的倾角，此时同层内各节点若仍假定分析开始阶段的X、Y相对水平距离，将使节点偏离其应在位置，从而导致分析误差。

此外，在非线性过程中，楼板将发生开裂使其平面内刚度下降，对结构的各抗侧力构件刚度分配和剪力传递也将产生一定影响。因此，本工程的非线性分析中将不采用刚性楼板假定，对各层楼板均划分为壳单元进行分析。

5）阻尼模型

结构动力时程分析过程中，阻尼取值对结构动力反应的幅值有比较大的影响。在弹性分析中，通常采用振型阻尼ξ来表示阻尼比，而在弹塑性分析中，由于采用直接积分法方程求解，且结构刚度和振型均处于高度变化中，故并不能直接代入振型阻尼。通常的做法是采用瑞利阻尼模拟振型阻尼，瑞利阻尼分为质量阻尼α和刚度阻尼β两部分，其与振型阻尼的换算关系如下式：

$$[C] = \alpha[M] + \beta[K]$$

$$\xi = \frac{\alpha}{2\omega_1} + \frac{\beta\omega_1}{2} = \frac{\alpha}{2\omega_2} + \frac{\beta\omega_2}{2}$$

式中$[C]$为结构阻尼矩阵，$[M]$和$[K]$分别为结构质量矩阵和刚度矩阵，ω_1和ω_2分别为结构的第 1 和第 2 周期。

由图 2.10-7 可以看到，瑞利阻尼实际只能保证结构第 1、2 周期的阻尼比等于振型阻尼，其后各周期的阻尼比均高于振型阻尼，且周期越短，阻尼越大。因此，即使是弹性时程分析，采用恒定的瑞利阻尼也将导致动力响应偏小，尤其是高频部分，使结果偏于不安全。

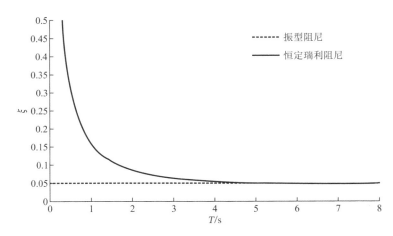

图 2.10-7　振型阻尼与恒定瑞利阻尼对应结构各周期阻尼比比较

在 SAUSAGE 中，考虑 α 阻尼对结构阻尼考虑不足，提供了另一种阻尼体系——拟模态阻尼体系，其合理性优于通常的瑞利阻尼形式，简介如下：

$$[C] = [\Phi^{\mathrm{T}}]^{-1}[\overline{C}][\Phi]^{-1} = [M][\Phi][\overline{M}]^{-1}[\overline{C}][\Phi][M]$$

$$[\xi] = [\overline{M}]^{-1} \cdot [\overline{C}] \cdot [\overline{M}]^{-1} = \begin{bmatrix} \dfrac{2\xi_1\omega_1}{M_1} & 0 & \cdots & 0 \\ 0 & \dfrac{2\xi_2\omega_2}{M_2} & \cdots & 0 \\ \vdots & \vdots & \ddots & \vdots \\ 0 & 0 & \cdots & \dfrac{2\xi_n\omega_n}{M_n} \end{bmatrix}$$

因而完整的时域阻尼阵可简化表示为：

$$[C] = [M][\Phi][\xi][\Phi]^{\mathrm{T}}[M]$$

可在显式动力时程分析中使用。

其中 $[\overline{M}]$ 为广义质量矩阵的逆矩阵，$[\Phi]$ 为振型矩阵，$[C]$ 为时域阻尼矩阵，$[\overline{C}]$ 为广义阻尼矩阵。

2.10.2　结构抗震性能评价方法

2.10.2.1　结构总体变形控制

结构整体性能指标按层间位移角控制，大震时结构最大层间位移角按 $[\theta] = 1/50$ 控制。

2.10.2.2　构件性能目标

《高规》新增加了第 3.11 节结构抗震性能设计，将结构的抗震性能分为五个水准，对应的构件损坏程度则分为"无损坏、轻微损坏、轻度损坏、中度损坏、比较严重损坏"五个级别。

钢构件由于整个截面都是钢材，其塑性变形从截面边缘向内部逐渐发展，基本上可根据边缘纤维的塑性应变大致估计截面内部各点处的应变水平。钢筋混凝土构件截面上的钢筋一般分布在截面的外围，一旦屈服可认为整根钢筋发生全截面屈服。钢构件的塑性应变可同时考察拉应变与压应变，钢筋混凝土构件中的钢筋一般主要考察受拉塑性应变。钢筋混凝土构件除了考察钢筋塑性应变，还要考察混凝土材料的受压损伤情况，其程度以损伤因子表示。剪力墙构件由"多个细分混凝土壳元 + 分层分布钢筋 + 两端约束边缘构件杆元"共同构成，但对整个剪力墙构件而言，如图 2.10-8 所示，由于墙肢面内一般不满足平截面假定，在边缘混凝土单元出现受压损伤后，构件承载力不会立即下降，其损坏判断标准应有所放宽。考虑到剪力墙的初始轴压比通常为 0.5～0.6，当 50% 的横截面受压损伤达到 0.5 时，构件整体受压和受剪承载力剩余约 75%，仍可承担重力荷载，因此以剪力墙受压损伤横截面面积作为其严重损坏的主要判断标准。连梁和楼板的损坏程度判别标准与剪力墙类似，楼板以承担竖向荷载为主，且具有双向传力性质，小于半跨宽度范围内的楼板受压损伤达到 0.5 时，尚不至于出现严重损坏而导致垮塌。

在 SAUSAGE 中构件的损坏主要以混凝土的受压损伤因子、受拉损伤因子及钢材（钢筋）的塑性应变程度作为评定标准，其与上述《高规》中构件的损坏程度对应关系如

图 2.10-9 所示。

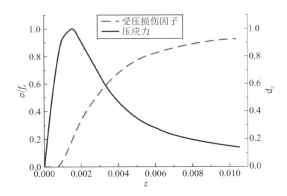

图 2.10-8 混凝土承载力与受压损伤因子的简化对应关系

性能水平分级数	6							
序号	性能水平	颜色	梁柱 $\varepsilon_p/\varepsilon_y$	梁柱 dc	梁柱 dt	墙板 $\varepsilon_p/\varepsilon_y$	墙板 dc	墙板 dt
1	无损坏		0	0	0	0	0	0
2	轻微损坏		0.001	0.001	0.2	0.001	0.001	0.2
3	轻度损坏		1	0.001	1	1	0.001	1
4	中度损坏		3	0.2	1	3	0.2	1
5	重度损坏		6	0.6	1	6	0.6	1
6	严重损坏		12	0.8	1	12	0.8	1
								使用默认值

图 2.10-9 性能评价标准

说明：图中数值为单元各性能水平指标下限值，各项指标取不利。

$\varepsilon_p/\varepsilon_y$ 为钢筋（钢材）塑性应变与屈服应变的比值。

d_c 为混凝土受压损伤系数。

d_t 为混凝土受拉损伤系数。

梁柱构件性能等级取单元性能等级最大值。

墙板构件性能等级取单元按面积加权平均后的性能等级。

该软件与现行基于性能的结构抗震设计与评估思想联系紧密，每个构件的非线性能力极限状态可根据构件的变形或强度设计目标进行特别设置，因此在分析后处理方面，能输出时程分析的位移、层间侧移角和多种动力反应结果，动态展示结构基本振型、地震作用下的楼层变形、构件的内力滞回包络线图，以及整个结构的能量耗散值和相对的比例。软件根据美国联邦紧急措施署 FEMA356 报告给出的性能化指标，将反映构件需求-能力比的使用比（Usage ratio）进行可视化，通过不同颜色的渐变，反映构件的性能变化和损伤发展。

2.10.3 模型基本信息

2.10.3.1 模型来源

本工程弹塑性分析模型由 YJK 转 SAUSAGE 得到，如图 2.10-10 所示，其中梁、柱、支撑均为框架线单元，楼板按弹性板考虑，结构质量采用 $1.0D + 0.5L$ 组合，考虑了连桥和周边楼层的施工顺序。

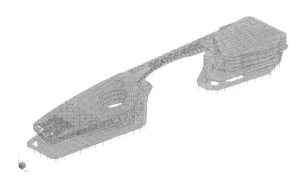

图 2.10-10　SAUSAGE 结构弹塑性分析模型

2.10.3.2　结构构件模拟

模型中钢管混凝土柱、钢梁、钢支撑等构件均采用杆系非线性单元模拟,可模拟钢支撑的受压屈曲。墙板构件采用弹塑性分层壳单元模拟。

2.10.4　地震动参数

地震作用下的弹塑性分析按大震考虑,即 50 年超越概率为 2% 的罕遇地震。地震动直接采用地面加速度时程的方式输入到模型基座上,根据《抗规》第 5.1.2 条的要求,地震动记录经过调幅,使得加速度峰值 PGA 达到 400cm/s^2,本次时程动力分析共进行 3 组地震动记录的模拟,分别为天然波 1(TH002TG045,A1 为主方向波,A2 为次方向波)、天然波 2(TH124TG045,B1 为主方向波,B2 为次方向波)、人工波(RH4TG045,C1 为主方向波,C2 为次方向波),正交水平方向和竖向的地震动记录按 1:0.85:0.65 进行三维输入,地震动信息如表 2.10-1 所示,地震波时程曲线以及地震波主、次方向对应地震动反应谱如图 2.10-11 和图 2.10-12 所示。

地震动记录信息　　　　　　　　　　　　　表 2.10-1

地震波	名称	主方向与X向角度/°	PGA	X	Y	Z
天然波 1	X主方向	0	400	A1-100%	A2-85%	A1-65%
	Y主方向	90	400	A2-85%	A1-100%	A1-65%
天然波 2	X主方向	0	400	B1-100%	B2-85%	B1-65%
	Y主方向	90	400	B2-85%	B1-100%	B1-65%
人工波	X主方向	0	400	C1-100%	C2-85%	C1-65%
	Y主方向	90	400	C2-85%	C1-100%	C1-65%

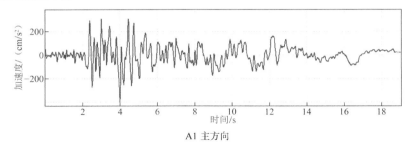

A1 主方向

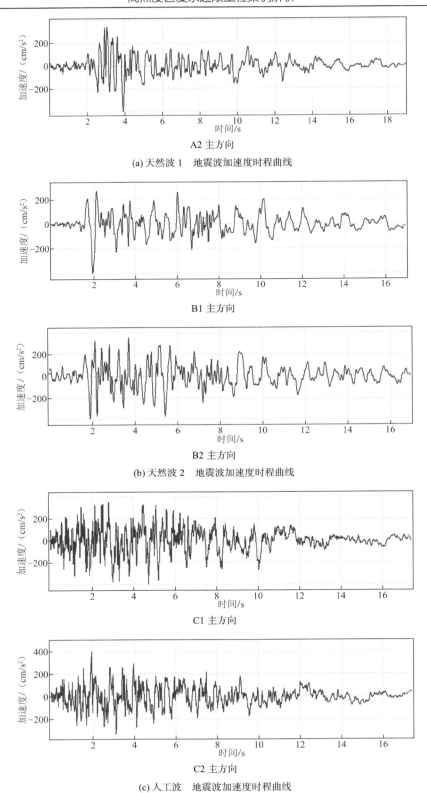

A2 主方向

(a) 天然波 1　地震波加速度时程曲线

B1 主方向

B2 主方向

(b) 天然波 2　地震波加速度时程曲线

C1 主方向

C2 主方向

(c) 人工波　地震波加速度时程曲线

图 2.10-11　地震波加速度时程

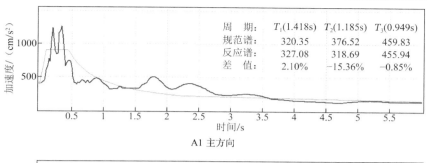

A1 主方向

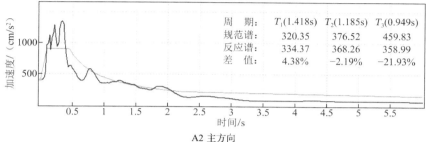

A2 主方向

(a) 天然波 1 地震波反应谱与规范谱对比

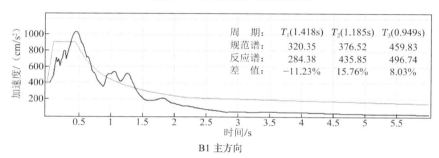

B1 主方向

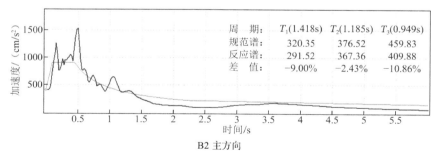

B2 主方向

(b) 天然波 2 地震波反应谱与规范谱对比

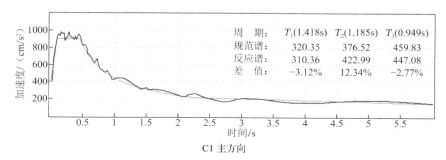

C1 主方向

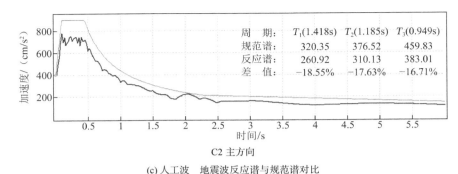

周 期：	T_1(1.418s)	T_2(1.185s)	T_3(0.949s)
规范谱：	320.35	376.52	459.83
反应谱：	260.92	310.13	383.01
差 值：	−18.55%	−17.63%	−16.71%

C2 主方向

(c) 人工波 地震波反应谱与规范谱对比

图 2.10-12 地震波反应谱与规范反应谱比较

由图可知，3 条地震波主方向反应谱与规范反应谱在结构主要周期点位置相差值基本都在 20%以内，所选的地震波可以较好地反映结构的地震反应。

2.10.5 分析结果

2.10.5.1 弹性模型验证

为验证 SAUSAGE 弹塑性分析模型的可靠性，将 SAUSAGE 模型计算所得的结构质量、周期和 YJK 模型进行对比（表 2.10-2 和表 2.10-3），需要说明的是前述章节弹性分析 YJK 计算模型为带地下室的模型，而 SAUSAGE 弹塑性分析模型为不带地下室的模型，为便于统一比较，SAUSAGE 模型和 YJK 模型均为不带地下室模型，因此表 2.10-3 中 YJK 模型的周期值与前述章节弹性分析结果中的周期值略有差别。

结构质量对比（单位：t） 表 2.10-2

YJK	SAUSAGE	差值/%
140077	141921	1.32

结构周期对比（前 3 阶）（单位：s） 表 2.10-3

振型	YJK	SAUSAGE	差值/%
1	1.36	1.41	3.67
2	1.23	1.18	4.06
3	0.87	0.88	1.15

综上可知，SAUSAGE 与 YJK 弹性模型质量与基本动力特性基本一致，造成误差的原因主要是两个软件的质量统计规则、是否计入钢筋贡献以及楼板刚性假定不同等，因此可以认为采用的 SAUSAGE 弹塑性模型是可靠的。

2.10.5.2 大震底部剪力、顶点位移与各楼层剪力包络图

（1）大震弹性和弹塑性分析结构基底剪力时程曲线见图 2.10-13～图 2.10-15。

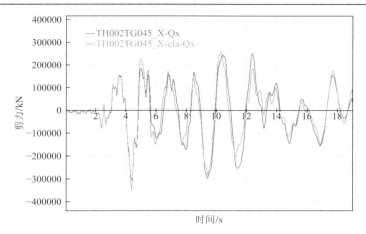

图 2.10-13　天然波 1　结构基底剪力时程曲线

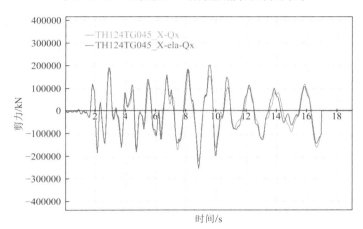

图 2.10-14　天然波 2　结构基底剪力时程曲线

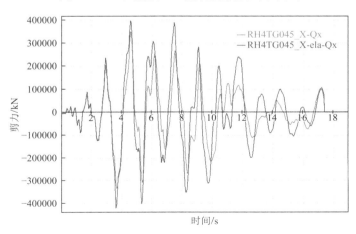

图 2.10-15　人工波　结构基底剪力时程曲线

　　由上述基底剪力时程曲线对比结果可知，地震作用开始阶段，结构整体处于弹性状态，弹性时程分析与弹塑性时程分析的基底剪力基本一致，曲线基本重合。随着地震剪力增大，部分构件（主要为耗能构件）屈服，结构刚度退化，结构阻尼增大，周期变长，吸收地震剪力减小，弹塑性时程分析的基底剪力逐渐小于弹性时程。

（2）大震弹塑性分析与大震弹性分析结构顶点位移时程比较见图 2.10-16。

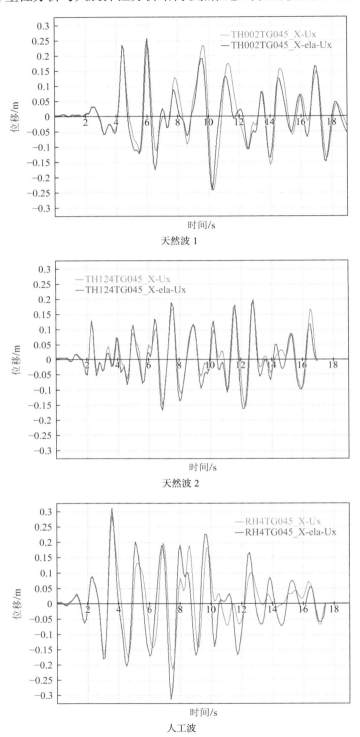

天然波 1

天然波 2

人工波

图 2.10-16　结构顶点位移时程曲线

由上述顶点位移时程对比曲线可知，地震作用刚开始阶段，结构整体处于弹性状态，弹性与弹塑性时程分析的顶点位移基本一致，曲线基本重合。随着地震作用持续进行，地震输入能量加大，结构开始出现损伤，耗能构件屈服，结构刚度退化，周期变长，结构弹性与弹塑性位移时程曲线不再重合，弹塑性位移峰值出现时刻要晚于弹性位移。

（3）结构楼层剪力包络图见图 2.10-17。

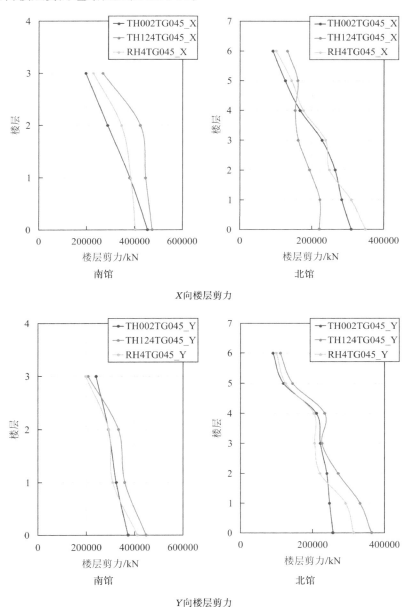

图 2.10-17　结构楼层剪力包络图

由计算结果（表 2.10-4）可知，随着地震输入能量增大，结构部分构件（主要为耗能构件）屈服，刚度退化，阻尼增大，弹塑性时程分析的基底剪力小于弹性时程分析结果，二者比值约为 0.80～0.92。

大震弹塑性和弹性分析最大基底剪力（单位：kN）（南馆与北馆合并计算）表 2.10-4

地震波	主方向沿X轴			主方向沿Y轴		
	弹塑性	弹性	弹塑性/弹性	弹塑性	弹性	弹塑性/弹性
天然波 1	763367	826574	0.92	630500	700055	0.90
天然波 2	693435	797951	0.87	811568	977792	0.83
人工波	751888	935060	0.80	726510	885987	0.82

2.10.5.3 结构弹塑性层间位移角

大震弹塑性时程分析所得结构层间位移角：X向最大层间位移角 1/68（第 3 层），Y向最大层间位移角 1/81（第 3 层）；北馆X向最大层间位移角 1/54（第 5 层），Y向最大层间位移角 1/56（第 5 层），均小于《抗规》第 5.5.5 条要求小于 1/50 的规定，满足"大震不倒"的抗震性能目标要求。

2.10.6 结构性能评估

本节主要依据 2.10.2 节的性能指标对结构构件进行性能评估，根据分析结果统计，以地震作用较大的天然波 2 的分析结果为例说明。

2.10.6.1 框架柱损伤情况

在地震作用下，钢管柱和钢管混凝土柱钢材"应变/屈服应变"比值ε_0分布情况如图 2.10-18 和图 2.10-19 所示，$\varepsilon_0 \geqslant 1$ 时表明构件发生屈服（图中显示为深红色）。从计算结果可知，地震作用下南馆的钢柱和钢管混凝土柱均未出现屈服，北馆的个别钢柱和钢管混凝土柱柱脚发生屈服，主要集中Y向地震作用下，通高柱脚出现了一些屈服情况，设计时应采用加肋板等措施加强其承载力。连桥两端的框架柱钢材应变/塑性应变小于 1.0，钢材未发生屈服。

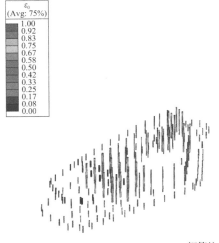
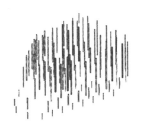

钢管柱

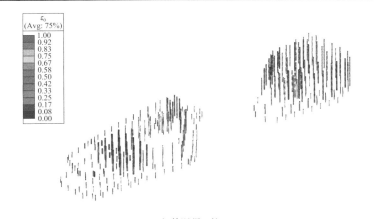

钢管混凝土柱

图 2.10-18　天然波 2　X向大震作用下框架柱钢材应变/屈服应变分布

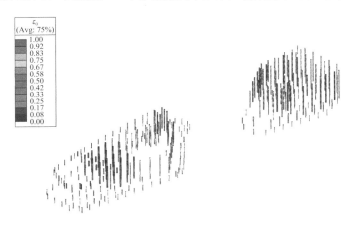

钢管混凝土柱

图 2.10-19　天然波 2　Y向大震作用下框架柱钢材应变/屈服应变分布

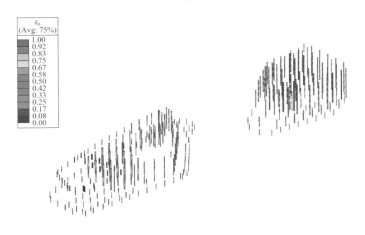

钢管柱

2.10.6.2 框架梁损伤情况

在地震作用下，钢梁钢材"应变/屈服应变"比值ε_0分布情况如图 2.10-20 所示，$\varepsilon_0 \geqslant 1$ 时表明构件发生屈服（图中显示为深红色）。从计算结果可知，地震作用下大部分钢梁未发生屈服，个别位置钢梁出现了塑性应变，连桥端部延伸段个别钢梁发生屈服，框架梁最大受拉塑性应变约为 0.006，小于钢材极限应变 0.025，未发生破坏，满足大部分构件中等损坏但不破坏的性能目标要求。

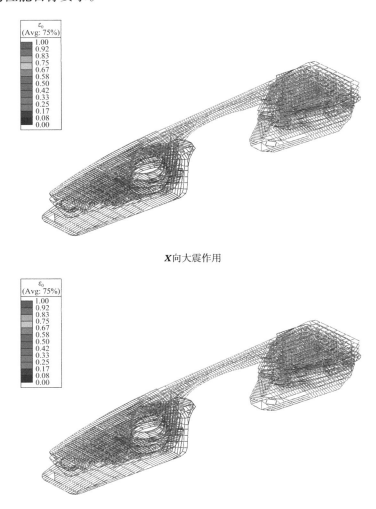

X向大震作用

Y向大震作用

图 2.10-20　天然波 2　大震作用下框架梁钢材应变/屈服应变分布

2.10.6.3 支撑损伤情况

在地震作用下，钢支撑钢材"应变/屈服应变"比值ε_0分布情况如图 2.10-21 所示，$\varepsilon_0 \geqslant 1$ 时表明构件发生屈服（图中显示为深红色）。从计算结果可知，地震作用下大部分钢支撑未发生屈服，连桥两端以及北馆的个别支撑出现了屈服，其最大塑性压应变约为 0.012，最大受拉塑性应变约为 0.009，均小于钢材极限应变 0.025，说明构件进入了屈服，但未发生破坏。满足罕遇地震水准下部分构件中等损坏但不破坏的性能目标要求。

X 向大震作用

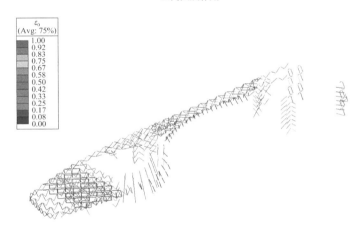

Y 向大震作用

图 2.10-21 天然波 2 大震作用下支撑钢材应变/屈服应变分布

2.10.7 弹塑性时程分析总结

结构在大震作用下的性能表现良好，没有受到严重的破坏，抗震性能水准可达到并稍高于《高钢规》第 3.8.1 条所述的性能水准 C 的水平，具体情况如下：

（1）**层间位移角**：南馆 X 向最大层间位移角 1/68（第 3 层），Y 向最大层间位移角 1/81（第 3 层）；北馆 X 向最大层间位移角 1/54（第 5 层），Y 向最大层间位移角 1/56（第 5 层），均小于《抗规》第 5.5.5 条要求小于 1/50 的规定，满足"大震不倒"的抗震性能目标要求。

（2）**支撑**：地上部分各部位设置的支撑作为结构第一道抗震防线中的构件，计算中考虑了这些构件的施工过程（包括悬挑位置的桁架），计算过程中可模拟钢支撑的拉压循环受力和受压屈服。地震作用下大部分钢支撑未发生屈服，连桥两端以及北馆的个别支撑出现了屈服，其最大塑性压应变约为 0.012，最大受拉塑性应变约为 0.009，均小于钢材极限应变 0.025，说明构件进入了屈服，但未发生破坏。满足罕遇地震水准下部分构件中等损坏但不破坏的性能目标要求。

（3）**框架柱**：地震作用下南馆的钢柱和钢管柱均未出现屈服，北馆的钢柱和钢管柱柱脚发生屈服。在Y向地震作用下，北馆柱脚出现了一些屈服情况，连桥两端的框架柱钢材应变/塑性应变小于 1.0，钢材未发生屈服。地震作用下大部分钢管混凝土柱受压损伤因子D_c不大于 0.2，处于轻度损伤和无损伤之间。框架柱作为本结构的第二道抗震防线，整体损伤较轻，钢管柱塑性发展程度较轻，具有较高的承载力储备。

（4）**框架梁**：地震作用下大部分钢梁未发生屈服，个别位置钢梁出现了塑性应变，连桥端部延伸段个别钢梁发生屈服，框架梁最大受拉塑性应变约为 0.006，小于钢材极限应变0.025，未发生破坏，满足大部分构件中等损坏但不破坏的性能目标要求。

2.11 楼板应力补充分析

2.11.1 分析说明

1）双向水平地震

本结构存在大量大悬挑、大跨度体块，在静力和地震力作用下楼板可能出现较高的受力情况，特别是，连接南馆和北馆两座单体的连桥体型复杂，其地震作用传递能力更加有待考察。

因本项目建筑体型不规则，因此考虑按 0°、45°、90°、135°四个方向进行地震输入，并在上述各单工况计算的基础上，按以下方式进行考虑多角度的双向水平地震的荷载组合：

$$E_h = \max\left(\sqrt{E_{0°}^2 + (0.85E_{90°})^2}, \sqrt{E_{90°}^2 + (0.85E_{0°})^2},\right.$$
$$\left.\sqrt{E_{45°}^2 + (0.85E_{135°})^2}, \sqrt{E_{135°}^2 + (0.85E_{45°})^2}\right)$$

在此基础上再与其他荷载进行组合。

2）荷载组合

多遇地震下所有区域的楼板保持弹性，按考虑分项系数的静力和地震作用的基本组合进行设计。

设防地震下关键构件周围楼板保持弹性，按考虑分项系数的静力和地震作用的基本组合进行设计，受力较大区域的楼板添加水平钢支撑保证楼盖完整性。

罕遇地震下楼板满足抗剪截面要求，按不考虑分项系数的三向地震作用的标准组合进行设计，受力较大区域的楼板添加水平钢支撑保证楼盖完整性；抗剪复核参照《高规》式(3.11.3-4)（$V_{GE} + V_{Ek} \leqslant 0.15f_{ck}b_f h_0$）进行。

3）配筋换算

静力作用下楼板仅为单面配筋需求（支座上部受拉，跨中下部受拉），地震作用下，上下部楼板钢筋均可起到平面内抗弯的作用。因此实际楼板配筋时，单位宽度内楼板上部和下部通长钢筋配筋面积（单面）可按$A_{s,通长} = N_E/2f_y$计算，再将静力作用下的单面配筋需求$A_{s,附加} = N_{静力}/f_y$与上述配筋进行叠加。

2.11.2 多遇地震分析结果

多遇地震下各层楼板的最大主拉力分布图如图 2.11-1～图 2.11-6 所示。

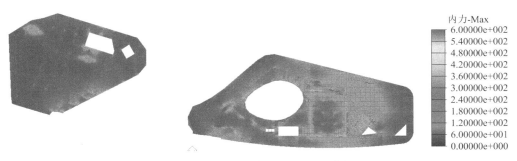

图 2.11-1 F1 层顶板最大主拉力分布图（单位：kN/m）

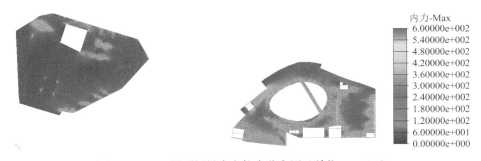

图 2.11-2 F2 层顶板最大主拉力分布图（单位：kN/m）

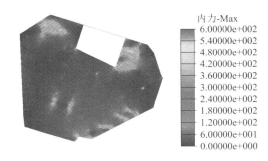

图 2.11-3 F3 层顶板最大主拉力分布图（单位：kN/m）

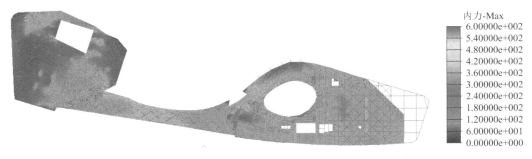

图 2.11-4 F4 层顶板最大主拉力分布图（单位：kN/m）

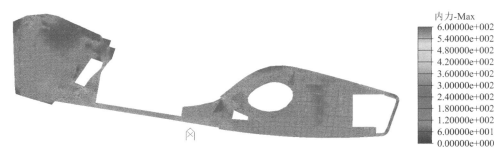

图 2.11-5　F5 层顶板最大主拉力分布图（单位：kN/m）

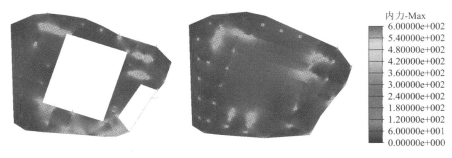

图 2.11-6　F6 层、F7 层顶板最大主拉力分布图（单位：kN/m）

典型区域楼板（占本楼层面积 80%以上）的受力统计及配筋需求见表 2.11-1。可知，除连桥外，各层楼板典型区域主拉应力均小于混凝土抗拉强度标准值$f_{tk} = 2.01$MPa。部分应力集中区域可考虑拉应力由钢筋承担。表 2.11-1 同时给出典型区域通长钢筋需求。

典型区域楼板受力统计及配筋需求　　　　　　　　　表 2.11-1

楼层		典型区域楼板拉力/（kN/m）	板厚/mm	典型区域楼板拉应力/MPa	典型区域通长钢筋配筋面积需求/（mm²/m）	典型区域通长钢筋最小配筋量
RF		100	120	0.83	≥278	≥2φ8@200
F6 顶板		100	150	0.67	≥278	≥2φ8@200
F5 顶板	北馆	250	150	1.67	≥694	≥2φ10@200
	连桥	400	120	3.33	≥1111	≥2φ12@200
	南馆	250	120	2.08	≥694	≥2φ10@200
F4 顶板	北馆	150	150	1.00	≥417	≥2φ8@200
	连桥	500	120	4.17	≥1389	≥2φ14@200
	南馆	250	120	2.08	≥694	≥2φ10@200
F3 顶板		100	150	0.67	≥278	≥2φ8@200
F2 顶板		150	120	1.25	≥417	≥2φ8@200
F1 顶板		200	120	1.67	≥556	≥2φ10@200

2.11.3　设防地震分析结果

根据设防地震下各层楼板的最大拉力云图分析结果，按照表 2.11-2 所示楼板钢筋配筋量对配筋进行复核，不足的加以补足。

楼板钢筋配筋量　　　　　　　　　　　　　表 2.11-2

单位宽度楼板拉力/（kN/m）	181	283	407	554
配筋量需求/（mm²/m）	$\Phi 8@200$	$\Phi 10@200$	$\Phi 12@200$	$\Phi 14@200$

2.11.4　罕遇地震分析结果

按 2.11.1 节分析说明中公式可估算出不同板厚楼板对应的容许剪力，见表 2.11-3。

不同板厚楼板对应的容许剪力　　　　　　　表 2.11-3

板厚/mm	120	150	180	200
容许剪力[V_f]/kN	362	452	543	603

以表 2.11-3 剪力作为内力图的分段限值，绘制出各层楼板的单位宽度最大剪力分布云图如图 2.11-7～图 2.11-12 所示，从而可知不同区域的楼板厚度需求。可见，绝大部分区域的楼板厚度需求为 120mm，连桥及大悬挑桁架相关楼板在保持与桁架钢构件共同受力过程中将承受较大剪力，需加大附近区域楼板厚度。部分剪力过大区域需添加楼板面内支撑以保证剪力可靠传递。

图 2.11-7　F1 层顶板单位宽度最大剪力分布图（单位：kN/m）

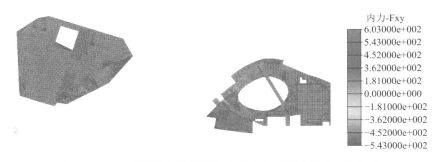

图 2.11-8　F2 层顶板单位宽度最大剪力分布图（单位：kN/m）

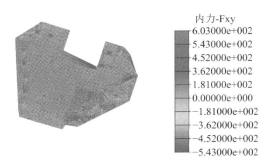

图 2.11-9　F3 层顶板单位宽度最大剪力分布图（单位：kN/m）

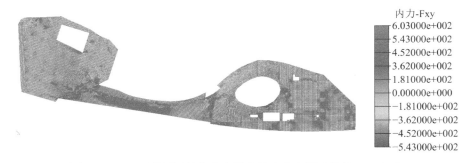

图 2.11-10　F4 层顶板单位宽度最大剪力分布图（单位：kN/m）

图 2.11-11　F5 层顶板单位宽度最大剪力分布图（单位：kN/m）

图 2.11-12　F6 层、F7 层顶板单位宽度最大剪力分布图（单位：kN/m）

2.12　多点输入地震反应分析

2.12.1　分析目的

地震波在向四周传播的过程中，不仅有时间上的变化特性，而且存在着明显的空间变化特性。传统上，对多数结构进行抗震设计时，都忽略了地震动的空间变化这一特性。对于平面尺寸较小的建筑物（如通常的工业与民用建筑），地震动的空间变化特性影响不大，忽略地震动的空间变化特性是能够满足此类建筑物的抗震设计要求的。然而，对于跨度很大的结构，由于波列传播波速的有限性、相干性的损失以及局部场地地质的不同等都会导致各支承点的地震激励出现差异。本工程由两个单体通过钢连桥连成一体，整体结构长度接近 400m，为超长型结构，有必要进行多点输入地震反应分析，研究行波效应对超长结构的影响，特别是连体部位的钢结构连桥。

2.12.2　分析方法

在进行考虑行波效应的多点输入时程地震反应分析时，通常假定地震波沿地表面以一定的速度传播，各点波形不变，只是存在时间的滞后，简称行波法。根据场地条件，选择地震波视波速 250m/s，按照 0.1s 时间差（即 25m 距离）分成若干区块进行多点地震输入。

如图 2.12-1 所示，地震波的输入方向，依次选取结构Y方向、45°角及 135°角方向作为主方向，另两方向为次方向，分别输入 7 组地震波的 3 个分量记录进行计算。分析时，混凝土构件阻尼比 5%，钢构件阻尼比 2%，峰值加速度取 70Gal。每个工况地震波峰值按水平主方向：水平次方向：竖向 = 1：0.85：0.65 进行调整。

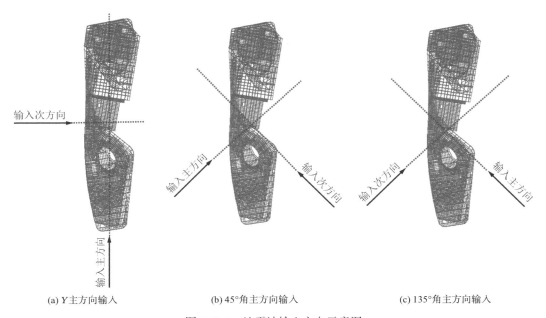

| (a) Y 主方向输入 | (b) 45°角主方向输入 | (c) 135°角主方向输入 |

图 2.12-1　地震波输入方向示意图

2.12.3 分析结果

2.12.3.1 基底剪力比较

基底剪力对比见表 2.12-1。

基底剪力对比

表 2.12-1

输入方向	地震波	一致输入基底剪力/kN	多点输入基底剪力/kN	多点输入/一致输入
Y主方向输入 （Y向剪力）	RH1TG040	170724	30413	0.18
	RH4TG040	186288	30845	0.17
	Chuetsu-4854	130110	35821	0.28
	Chuetsu-5208	78778	17629	0.22
	Chuetsu-5291	89858	17056	0.19
	Iwate-5815	139955	22009	0.16
	Niigata-6519	151982	26072	0.17
45°角主方向输入 （X向剪力）	RH1TG040	145941	25639	0.18
	RH4TG040	204424	37546	0.18
	Chuetsu-4854	126934	22145	0.17
	Chuetsu-5208	90044	52358	0.58
	Chuetsu-5291	98211	14048	0.14
	Iwate-5815	147261	23994	0.16
	Niigata-6519	184368	20637	0.11
45°角主方向输入 （Y向剪力）	RH1TG040	150930	31351	0.21
	RH4TG040	142015	34677	0.24
	Chuetsu-4854	100472	22039	0.22
	Chuetsu-5208	67758	15792	0.23
	Chuetsu-5291	85089	18128	0.21
	Iwate-5815	97597	23326	0.24
	Niigata-6519	119134	20644	0.17
135°角主方向输入 （X向剪力）	RH1TG040	128516	26218	0.20
	RH4TG040	182271	29076	0.16
	Chuetsu-4854	103951	17562	0.17
	Chuetsu-5208	77037	12406	0.16
	Chuetsu-5291	103159	13821	0.13
	Iwate-5815	148572	21206	0.14
	Niigata-6519	126791	17794	0.14

续表

输入方向	地震波	一致输入基底剪力/kN	多点输入基底剪力/kN	多点输入/一致输入
135°角主方向输入 （Y向剪力）	RH1TG040	149661	33868	0.23
	RH4TG040	172256	47946	0.28
	Chuetsu-4854	106906	32701	0.31
	Chuetsu-5208	69458	15964	0.23
	Chuetsu-5291	113967	17418	0.15
	Iwate-5815	140417	28869	0.21
	Niigata-6519	139835	33435	0.24

从表 2.12-1 可以看出，各主方向多点输入地震分析结果基底剪力比一致输入分析结果小。按照多点分析结果，在一致输入基础上对内力进行调整，见后续分析结果。

2.12.3.2 关键构件内力比较

根据大悬挑和大跨度连体结构的受力特点，分别从悬挑部位桁架和连体结构桁架中选取受力典型的两榀桁架作为研究对象。悬挑桁架选取支座处的上、下弦杆和腹杆进行研究，连桥桁架选取支座处的上、下弦杆和腹杆以及跨中上、下弦杆进行研究，如图 2.12-2、图 2.12-3 所示。

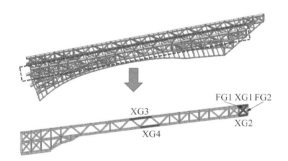

图 2.12-2 连桥桁架关键杆件

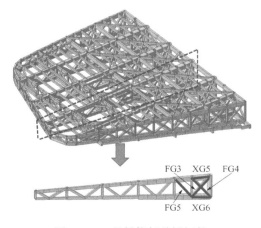

图 2.12-3 悬挑桁架关键杆件

提取关键构件在 7 组地震波下的一致输入轴力平均值和多点输入轴力平均值，如表 2.12-2 所示。可知在各主方向多点输入下关键构件的轴力均小于一致输入下的轴力，表明行波效应对悬挑部位桁架和连桥结构桁架构件的影响较小，可以按照一致输入地震进行计算。

一致输入与多点输入轴力对比

表 2.12-2

输入方向	杆件编号	一致输入轴力平均值/kN	多点输入轴力平均值/kN	多点输入/一致输入
Y主方向输入	XG1	3401.19	2467.07	0.73
	XG2	2486.21	1865.70	0.75
	XG3	3016.92	1874.14	0.62
	XG4	3563.95	1160.69	0.33
	FG1	424.98	193.86	0.46
	FG2	500.31	241.87	0.48
	XG5	3124.08	2304.30	0.74
	XG6	500.31	241.87	0.48
	FG3	560.51	376.66	0.67
	FG4	458.68	280.80	0.61
	FG5	957.12	658.59	0.69
45°角主方向输入	XG1	3458.35	964.84	0.28
	XG2	2897.28	1420.73	0.49
	XG3	3410.59	1544.65	0.45
	XG4	3639.47	1092.88	0.30
	FG1	504.28	192.80	0.38
	FG2	574.29	226.67	0.39
	XG5	3006.46	1777.30	0.59
	XG6	574.29	226.67	0.39
	FG3	552.23	313.26	0.57
	FG4	446.90	263.21	0.59
	FG5	970.62	591.40	0.61
135°角主方向输入	XG1	3478.86	1155.64	0.33
	XG2	2362.74	1482.79	0.63
	XG3	2952.78	1471.14	0.50
	XG4	3264.46	1084.11	0.33
	FG1	442.60	204.84	0.46
	FG2	513.37	208.85	0.41

输入方向	杆件编号	一致输入轴力平均值/kN	多点输入轴力平均值/kN	多点输入/一致输入
135°角主方向输入	XG5	3136.76	1786.22	0.57
	XG6	513.37	208.85	0.41
	FG3	606.96	310.51	0.51
	FG4	492.21	259.27	0.53
	FG5	1023.44	579.18	0.57

2.12.3.3　框架柱内力比较

一般情况下，多点输入与一致输入相比，由于行波效应使得结构的扭转效应增大，反映在框架柱内力上即角柱、边柱内力变化较大，因此主要比较位于结构周边的角柱、边柱的内力变化。分别选取五块区域具有代表性的角柱、边柱柱子进行对比（选取区域如图 2.12-4 所示），提取其在 7 条地震波作用下的平均剪力，汇总结果如下（由于篇幅限制，仅列出部分结果）：

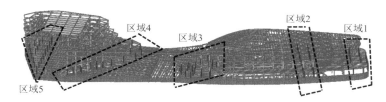

图 2.12-4　选取代表性柱子区域示意图

Y 主方向多点地震输入与一致输入柱底 Y 方向剪力比较见图 2.12-5～图 2.12-9。

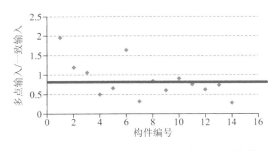

图 2.12-5　区域 1 柱底 Y 方向剪力比较结果（平均值 0.86）

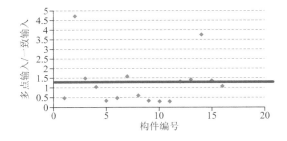

图 2.12-6　区域 2 柱底 Y 方向剪力比较结果（平均值 1.25）

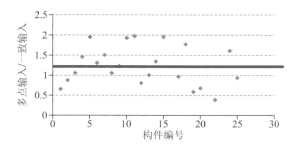

图 2.12-7　区域 3 柱底 Y 方向剪力比较结果（平均值 1.22）

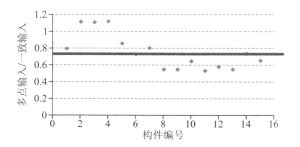

图 2.12-8　区域 4 柱底 Y 方向剪力比较结果（平均值 0.75）

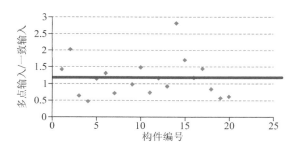

图 2.12-9　区域 5 柱底 Y 方向剪力比较结果（平均值 1.15）

　　由以上结果可以看出，对角柱、边柱而言，多点激励与一致激励相比，不同区域柱底剪力的影响不同。区域 1 位于南馆端部，但由于地上只有一层，扭转效应产生的剪力放大较小，影响因子（多点输入下的柱底剪力与一致输入下的柱底剪力比值）平均值均小于 1；区域 4 位于北馆连桥支座处，对于整体结构而言，其位于结构的中部，扭转效应不明显，框架柱影响因子平均值均小于 1；区域 2 为南馆大悬挑的支撑框架柱，由于质量偏心，行波效应对扭转的放大较为明显，影响因子平均值达到 1.25；对应的区域 3 为南馆另一端，受区域 2 的影响导致此区域的扭转效应也较为明显，影响因子平均值达到 1.22；区域 5 位于整体结构端部，受行波效益影响较为明显，影响因子平均值达到 1.15。此外，整体来看，Y 主方向多点地震输入比 45°角、135°角主方向多点地震输入的行波效应明显。

　　综上所述，结构设计时可按不同区域考虑行波效应的影响，区域 1 和区域 4 影响因子平均值小于 1，可以按照一致输入地震进行计算；区域 2、区域 3 和区域 5，可根据多点输入分析结果，对相应区域框架柱内力放大 1.15～1.25 倍进行承载力验算。

2.13　抗连续倒塌分析

2.13.1　抗连续倒塌分析目的和方法

结构在正常使用阶段遭遇偶然荷载作用，如破坏性较大的爆炸、冲击作用等，某些关键构件会失效进而导致一系列连续破坏，最终由于局部破坏而引发结构大范围倒塌或整体倒塌，为防止此类情况的发生，需对结构做抗连续倒塌分析与设计。

现行《高钢规》第 3.9.1 条规定："安全等级为一级的高层民用建筑钢结构应满足抗连续倒塌概念设计的要求，有特殊要求时，可采用拆除构件方法进行抗连续倒塌设计。"本工程采用概念设计和拆除构件相结合的方法进行抗连续倒塌设计。

概念设计法：①主体结构采用多跨超静定结构，提高结构冗余度，使结构具有较多的荷载传递路径；②结合抗震性能化分析设计，提高构件的延性，避免局部失稳和整个构件失稳；③框架梁柱采用刚接；④通过设置柱间支撑、楼板内支撑、环桁架等连接措施，增强结构的整体性；⑤加强节点和连接构造，保证结构的连续性和构件的变形能力，以形成抗连续倒塌机制。

拆除构件法：

（1）拆除构件的位置：逐个分别拆除结构周边柱、底层内部柱、支座附近桁架的腹杆等重要构件，其中周边柱在竖向位置，拆除首层、顶层、中间层及柱截面尺寸发生变化的楼层。

（2）采用弹性静力方法分析剩余结构的内力与变形。

（3）剩余结构构件承载力应满足 $R_d \geq \beta S_d$，各参数取值按《高钢规》第 3.9.3 条所述规定。荷载效应考虑永久荷载、竖向可变活荷载、风荷载的组合，构件直接与拆除竖向构件相连时，竖向荷载动力放大系数取 2.0，其他取 1.0。构件截面承载力计算时，钢材强度取抗拉强度最小值。

2.13.2　拆除构件的选择

根据 2.13.1 节对拆除构件的选择原则，确定每层需要拆除的边柱、中柱及关键构件，由于北馆为退台式建筑，选择的边柱和中柱应通至屋面。图 2.13-1～图 2.13-5 中黑色圈内为边柱或腹杆，红色圈内为内柱。

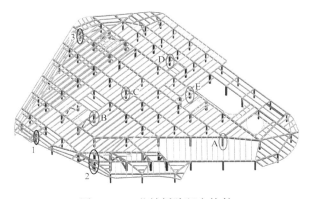

图 2.13-1　北馆拆除竖向构件

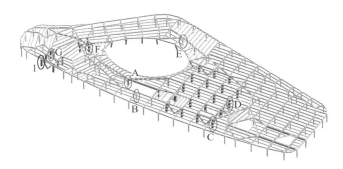

图 2.13-2　南馆拆除竖向构件

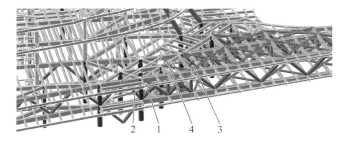

图 2.13-3　连桥拆除关键构件（与北馆支座相连的桁架腹杆）

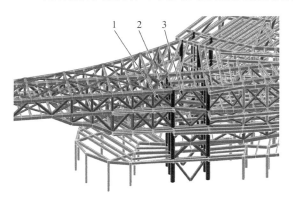

图 2.13-4　连桥拆除关键构件（与南馆支座相连的桁架腹杆）

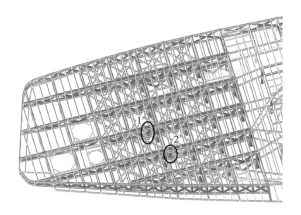

图 2.13-5　悬挑区域拆除关键构件（与支座相连的桁架腹杆）

2.13.3　拆除构件后抗倒塌计算

1）北馆

对北馆需要拆除的中柱 A～E 在底层逐个分别拆除，对边柱 1～3 在底层、四层、顶层三个不同的楼层逐个分别拆除，剩余构件承载力验算结果如下。根据结果简图中显示的构件应力与钢材设计值的比值，找出应力最大的构件，根据文本文件，查出构件的实际应力，与钢材强度取抗拉强度最小值 470MPa 进行比较，判断是否满足要求，当拆除的构件为中柱时，剩余构件最大应力按规范要求，乘以效应折减系数 0.67。表 2.13-1 为逐个分别拆除构件后，剩余构件的最大应力及其所在楼层。

通过表 2.13-1 中数据可看出，中柱 D 和边柱 1、3 拆除后，剩余构件承载力不满足规范要求（表中加粗数字所示，中柱 A 基本满足），主要原因是拆除的构件受荷面积较大，构件拆除后，其上部各层剩余的构件虽然可形成空间受力体系，但不足以弥补拆除构件后所形成的承载力不足问题。

按《高钢规》第 3.9.6 条所述，当拆除某构件不能满足结构抗连续倒塌要求时，在该构件表面附加 80kN/m² 侧向偶然作用设计值，以此判断其承载能力。根据表 2.13-1 中计算结果，附加偶然侧向作用进行验算后，结构满足抗倒塌要求。

拆除构件后进行验算的工况和构件较多，仅选取边柱 3 的拆除模型和验算结果来进行说明，计算结果仅显示应力比超限的数据。如图 2.13-6、图 2.13-7 所示。

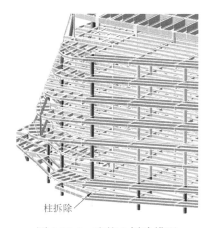

图 2.13-6　边柱 3 拆除模型

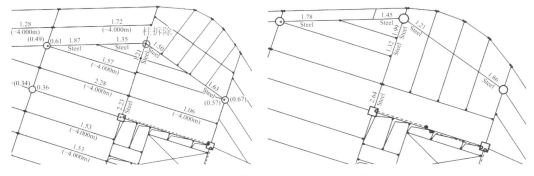

图 2.13-7　拆边柱 3 后二层、三层计算结果

北馆拆除构件后剩余构件承载力验算结果　　　　表 2.13-1

北馆	拆除构件名称 拆除构件的楼层	一层	四层	顶层
边柱	1	**574MPa，一层顶**	249MPa，四层顶	198MPa，五层顶
	2	406MPa，二层顶	154MPa，四层顶	86MPa，五层顶
	3	**579MPa，二层顶**	545MPa，四层顶	264MPa，七层顶
中柱	A	484MPa，一层顶		
	B	301MPa，一层顶		
	C	384MPa，一层顶		
	D	**680MPa，一层顶**		
	E	394MPa，二层顶		
构件表面附加 80kN/m² 侧向偶然作用				
边柱	1	受压承载力应力比 0.26，受剪承载力应力比 0.02		
	3	受压承载力应力比 0.3，受剪承载力应力比 0.02		
中柱	D	受压承载力应力比 0.19，受剪承载力应力比 0.01		

2）南馆

对南馆需要拆除的中柱 A～G 在底层逐个分别拆除，对边柱 1 在底层、顶层两个不同的楼层逐个分别拆除，剩余构件承载力验算结果如表 2.13-2 所示。通过表中数据可看出，只有中柱 A 拆除后，剩余构件承载力不满足规范要求（表中加粗数字所示）。该构件表面附加 80kN/m² 侧向偶然作用设计值，以此判断其承载能力。根据表中计算结果，附加偶然侧向作用进行验算后，结构满足抗倒塌要求。

南馆拆除构件后剩余构件承载力验算结果　　　　表 2.13-2

南馆	拆除构件名称 拆除构件的楼层	一层	顶层
边柱	1	121MPa，一层顶	97MPa，一层顶
中柱	A	**530MPa，一层顶**	
	B	267MPa，一层顶	
	C	324MPa，一层顶	
	D	370MPa，一层顶	
	E	425MPa，二层顶	
	F	144MPa，一层顶	
	G	210MPa，一层顶	
构件表面附加 80kN/m² 侧向偶然作用			
中柱	D	受压承载力应力比 0.19，受剪承载力应力比 0.01	

3）关键构件

对连桥桁架、长悬挑桁架与支座相连的腹杆进行逐个分别拆除，验算剩余构件的承载力，结果如表 2.13-3 所示。通过表中数据可看出，剩余构件承载力满足规范要求。

关键构件拆除后剩余构件承载力验算结果 表 2.13-3

拆除部位	拆除构件编号	剩余构件最大应力
与北馆支座相连的桁架腹杆	1	300MPa，本跨的上弦杆
	2	442MPa，本跨的上弦杆
	3	194MPa，相邻跨的腹杆
	4	219MPa，相邻跨的腹杆
与南馆支座相连的桁架腹杆	1	179MPa，相邻跨的上弦杆
	2	202MPa，本跨的上弦杆
	3	214MPa，本跨的上弦杆
长悬挑桁架	1	148MPa，本跨的上弦杆
	2	154MPa，本跨的上弦杆

2.13.4　结论

本工程部分竖向构件、关键构件拆除后，剩余构件的承载力基本大于荷载效应，达到了防连续倒塌的要求；而对于承载力小于荷载效应的构件，一般为受荷面积非常大的构件，通过附加侧向偶然荷载进行验算，也满足了防连续倒塌的要求。在计算中发现，所拆除构件周边有斜杆时，结构冗余度高，对防连续倒塌有很大的作用。对于受荷面积比较大的构件，应加大其周边构件的断面，或增加冗余度，提高防连续倒塌的能力。

从拆除构件后的结果来看，其影响的平面范围基本都是在所拆除构件的直接相连跨，没有影响到其他跨，从侧面也印证了本工程抗连续倒塌采用的概念设计的可靠性。

2.14　施工过程模拟分析

2.14.1　分析依据

（1）根据《审查要点》第二十条第（二）款的要求：必要时应进行施工安装过程分析。由于本工程存在大悬挑与连廊，钢构件在施工结束后的初始应力与施工过程关系密切，故需要进行施工过程模拟分析。

（2）根据施工单位提供的《城市展示中心钢结构连廊液压提升专项方案》，按照实际施工过程进行施工模拟分析。

2.14.2　施工过程模拟流程

采用有限元分析软件 MIDAS Gen 2020 进行施工过程模拟。

施工模拟流程如下：

第一步（CS1）：拼装地下室构件，设置基础底处及地下室外墙的边界条件，施加地下室顶板荷载。

第二步（CS2）：拼装北馆 2~3 层构件，施加北馆 2~3 层荷载。

第三步（CS3）：拼装北馆 4~6 层构件，施加北馆 4~6 层荷载。

第四步（CS4）：拼装北馆 7~8 层构件，施加北馆 7~8 层荷载。

第五步（CS5）：拼装北馆小屋面层构件，施加北馆小屋面层荷载。

第六步（CS6）：拼装南馆 2 层构件，施加南馆 2 层荷载。

第七步（CS7）：拼装南馆 3~5 层构件，施加南馆 3~5 层荷载。

第八步（CS8）：拼装连廊钢构件（不含楼板）及临时支撑钢构件，设置提升边界，施加钢构件自重。

第九步（CS9）：拼装连廊与主体之间的连接体部分。

第十步（CS10）：钝化第八步（CS8）中设置的提升边界。

第十一步（CS11）：钝化第八步（CS8）拼装的临时支撑杆件。

第十二步（CS12）：拼装连廊楼板，施加连廊荷载。

2.14.3 连廊提升、合拢、卸载、拆除临时结构过程模拟

在 YJK（版本 3.0.1）中进行的施工顺序模拟并不能正确反映连廊提升过程，现实情况下连廊合拢后内力分布与程序计算内力分布有较大差别，因此重点模拟分析连廊提升合拢过程。

连廊提升合拢工艺流程如下（仅列出与结构计算相关最后几步）：

第一步：整体提升连廊结构（图 2.14-1）。

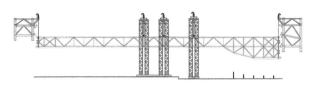

图 2.14-1 第一步

第二步：整体同步提升至设计标高约 200mm，降低提升速度，提升器微调作业，对口处精确就位。液压缸锁紧，对口焊接，安装后补杆件（图 2.14-2）。

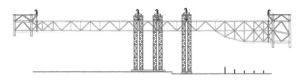

图 2.14-2 第二步

第三步：提升器卸载，荷载转移至预装段上，拆除临时结构和提升器（图 2.14-3）。

图 2.14-3 第三步

第四步：浇筑混凝土楼板，考虑二次铺装恒荷载。

下面将分别模拟分析上述四个步骤。

步骤一：使用竖直向固定支座模拟所有吊点，保证吊点保持在同一标高。在连廊四周设置刚度很小的水平向弹性支撑，防止在连廊提升过程中转动。

提升过程中连廊整体呈现一个三跨连续梁变形形态，最大竖向位移量为 19.1mm，出现在连廊两端外侧，存在一定的扭转变形，但是由于绝对量值较小，可以忽略。最大应力为 116.6MPa，出现在跨中临时杆件位置，其他大部分杆件应力均不大于 100MPa（图 2.14-4～图 2.14-6）。

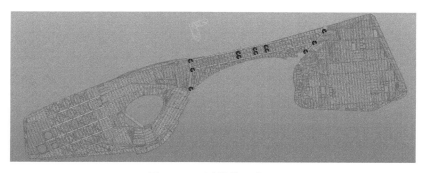

图 2.14-4　计算模型截图

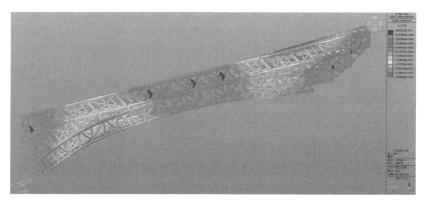

图 2.14-5　提升过程连廊变形图

图 2.14-6　提升过程连廊钢构件应力图

步骤二：拼装连廊与主体之间的连接体部分，合拢完成。

合拢过程变形与应力几乎没有变化（图 2.14-7、图 2.14-8）。

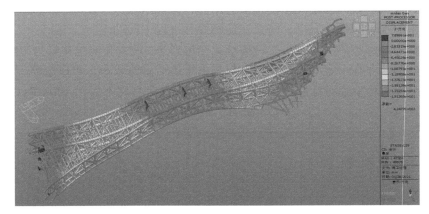

图 2.14-7　合拢完成后变形图

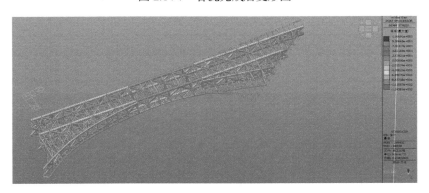

图 2.14-8　合拢完成后应力图

步骤三：卸载提升器，拆除临时结构。

卸载，拆除临时结构之后，连廊整体呈现出简支的变形模式，梁最大位移出现在跨中，达到了 110mm。最大压应力出现在连廊跨中上弦位置约为 110MPa，最大拉应力出现在跨中下弦及支座上弦位置，均不大于 100MPa（图 2.14-9、图 2.14-10）。

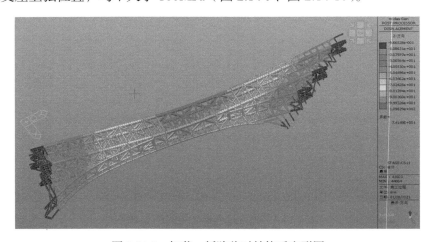

图 2.14-9　卸载，拆除临时结构后变形图

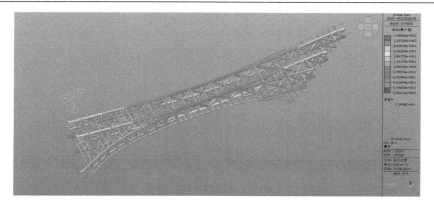

图 2.14-10 卸载，拆除临时结构后应力图

从上述三个步骤可以看出，连廊在提升、合拢、卸载、拆除临时结构过程中，变形、应力均满足设计要求。连廊整体提升实景见图 2.14-11。

图 2.14-11 连廊整体提升实景图

2.14.4 考虑提升过程与一次成形对比分析

考虑提升过程，浇筑混凝土板及二次铺装。变形及应力图见图 2.14-12、图 2.14-13。

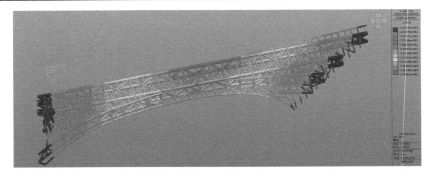

图 2.14-12　考虑提升过程连廊恒荷载下变形图

图 2.14-13　考虑提升过程连廊恒荷载下应力图

钢构件、混凝土楼板一次成形，考虑二次铺装恒荷载。变形及应力图见图 2.14-14、图 2.14-15。

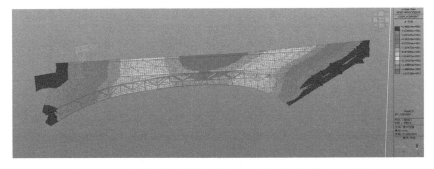

图 2.14-14　钢构件、混凝土楼板一次成形恒荷载下变形图

图 2.14-15　钢构件、混凝土楼板一次成形恒荷载下应力图

取连廊为研究对象，通过对比考虑提升过程与一次成形两种工况的位移和应力图，可以发现两者在主桁架位置处的应力变化很小，最主要的差别在于跨中最大挠度。考虑提升过程工况跨中挠度达到了 200mm，一次成形工况跨中挠度为 160mm。究其原因，我们认为连廊在提升过程中接近三跨连续梁变形模式，在提升就位时连廊两端桁架不可避免地发生了自由转动。这就导致在合拢时，连廊上下弦与墩柱并非平接，而是均有一个向内转动的角度。即使这个角度很小（经换算这个角度约为 0.001335rad），但由于连桥跨度很大，累积到跨中挠度已经达到 40mm。

因此实际在钢构件拼装时，考虑适当增加起拱值，抵消提升过程对连廊跨中挠度的不利影响。

2.15　单塔大震作用下补充计算

1）计算模型

根据前文所述，对整体结构在大震作用下进行了分析，验算构件的承载力和主体变形。为充分保证建筑物的安全，考虑极限工况，连桥在大震作用下断掉，变为两个独立的单塔，验算其构件承载力和主体变形是否满足规范要求。根据咨询会的意见，连桥断掉后，各单塔主体保留一跨桥体荷载的工况进行分析。计算模型如图 2.15-1 所示。

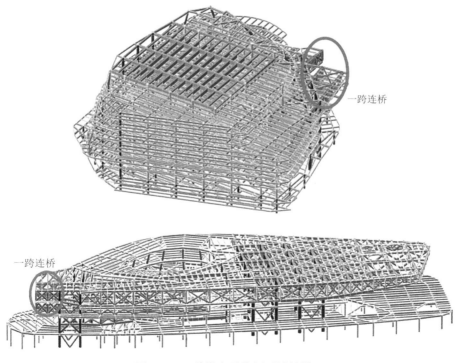

图 2.15-1　单塔大震作用下计算模型

2）计算结果

南馆和北馆两个单体在大震作用下，层间位移角如表 2.15-1 所示，皆小于 1/50，满足规范要求。

层间位移角 表 2.15-1

项目	X向	Y向
南馆单塔	1/252	1/246
北馆单塔	1/113	1/64

各构件在大震作用下，北馆框架柱在下面几层基本没有屈服，屋面比较空旷，个别框架柱屈服，宜适当加强。框架梁和支撑各层屈服较多，但没有完全破坏，结构整体安全。

各构件在大震作用下，南馆框架柱在一层极个别屈服，二层至屋面层没有达到屈服。框架梁和支撑各层屈服较多，但没有完全破坏，结构整体安全。

第 3 章

长安书院

3.1 工程概况

长安书院工程（图 3.1-1），位于灞河西岸（原爱菊豆制厂）。东至灞河西路，西至广运潭大道，南至灞浦三路，北至灞浦四路，占地面积约 8.6 万 m²。位于"十四运"主场馆所在空间轴线之上，与全运会主会场西安奥体中心隔河相望，是展示城市形象的重要门户区。建筑总面积约为 15 万 m²，地上面积为 8 万 m²，地下面积约为 7 万 m²，建筑空间以图书馆、美术馆、艺术交易交流中心三大场馆为主要空间载体。

本工程分为四个建筑单体，分别为美术馆、交易中心、图书馆东侧和图书馆西侧。建筑地下两层，地上 3～5 层，建筑层高为 5.4m，上部屋盖为空间曲面造型，屋盖形式采用双层网架结构，最高点结构高度约为 47m。

后文 A 楼为图书馆东侧，B 楼为图书馆西侧，C 楼为美术馆，D 楼为交易中心（图 3.1-2）。

图 3.1-1 建筑实景图

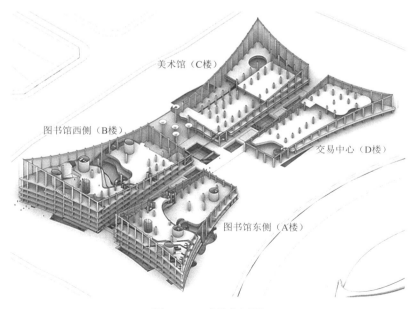

图 3.1-2 建筑分区图

3.2 设计依据

3.2.1 有关本项目的审批文件，建筑、设备工种提供的资料及要求

3.2.2 设计规范、规程、标准

（1）《工程结构可靠性设计统一标准》GB 50153—2008

（2）《建筑工程抗震设防分类标准》GB 50223—2008

（3）《建筑结构可靠性设计统一标准》GB 50068—2018

（4）《建筑抗震设计规范》GB 50011—2010（2016年版）

（5）《建筑结构荷载规范》GB 50009—2012

（6）《高层建筑混凝土结构技术规程》JGJ 3—2010

（7）《混凝土结构设计规范》GB 50010—2010（2015年版）

（8）《建筑地基础设计规范》GB 50007—2011

（9）《湿陷性黄土地区建筑规范》GB 50025—2018

（10）《钢骨混凝土结构技术规程》YB 9082—2006

（11）《钢管混凝土结构技术规范》GB 50936—2014

（12）《高层民用建筑钢结构技术规程》JGJ 99—2015

（13）《钢结构设计标准》GB 50017—2017

（14）《组合结构设计规范》JGJ 138—2016

（15）《高层民用建筑设计防火规范》GB 50045—95（2005年版）

（16）《低合金高强度结构钢》GB/T 1591—2008

（17）《建筑结构用钢板》GB/T 19879—2005

（18）《碳素结构钢》GB/T 700—2006

（19）《厚度方向性能钢板》GB/T 5313—2010

（20）《中国地震动参数区划图》GB 18306—2015

（21）《建筑工程设计文件编制深度的规定（2017）》

（22）《超限高层建筑工程抗震设防专项审查技术要点》建质〔2015〕67号

后文中所依据的规范、规程、标准，若没注明其版本号时，皆以上文所述为准。

3.2.3 主要参考资料

（1）《全国民用建筑工程设计技术措施（结构）》。

（2）《钢结构设计手册（第四版）》《建筑抗震设计手册（第二版）》等。

（3）中国有色金属工业西安勘察设计研究院有限公司提供的《长安书院岩土工程勘察报告》。

3.2.4 建筑结构安全等级和使用年限

结构控制指标见表3.2-1。

结构控制指标　　　　　　　　　　　　　　表 3.2-1

项目	指标
建筑结构安全等级	一级
设计使用年限	50 年
结构设计基准期	50 年

3.3　材料

3.3.1　钢材

本工程中的框架梁、柱和抗侧力支撑等主要抗侧构件，其钢材的抗拉性能、屈强比和冲击韧性的要求应符合《高钢规》第 4.1.4 条的规定。结构中使用的钢材牌号以及钢材强度设计值如表 3.3-1、表 3.3-2 所示。

钢结构用钢材牌号　　　　　　　　　　　　表 3.3-1

构件	板（壁）厚	钢材牌号	产品标准
框架梁、柱、支撑、肋板、连接板	＜ 40mm	Q355B	GB/T 1591—2018
	≥ 40mm	Q355B	GB/T 19879—2015
次梁		Q355B	GB/T 1591—2018
锚栓		Q355B	GB/T 700—2006
局部框架柱	≥ 60mm	Q390B	GB/T 19879—2015

注：钢板厚度大于等于 40mm 时，其沿板厚方向的断面收缩率不应小于 Z15 级的允许限值。钢板厚度大于等于 60mm 时，其沿板厚方向的断面收缩率不应小于 Z25 级的允许限值。

钢材强度设计值　　　　　　　　　　　　表 3.3-2

牌号	厚度或直径/mm	抗拉、抗压、抗弯 f/（N/mm^2）	抗剪 f_v/（N/mm^2）	端面承压（刨平顶紧）f_{ce}/（N/mm^2）
Q355	≤ 16	310	175	400
	＞ 16，≤ 40	295	170	
	＞ 40，≤ 63	290	165	
Q390	＞ 40，≤ 63	310	180	415
	＞ 63，≤ 100	295	170	

注：以上按《高钢规》规定取值。

3.3.2　钢筋

各构件钢筋类别见表 3.3-3。

各构件钢筋类别　　　　　　　　　　　　表 3.3-3

构件	梁柱纵筋	梁柱箍筋	板中钢筋	其他部位构造筋
钢筋类别	HRB400	HRB400	HRB400	HPB300

3.3.3 混凝土

各构件混凝土强度等级见表 3.3-4。

各构件混凝土强度等级 表 3.3-4

构件	基础垫层	基础	地下室外墙	楼板	钢管混凝土柱
强度等级	C15	C40	C40	C35	C60

3.4 荷载

3.4.1 风荷载及雪荷载

根据《荷载规范》，风荷载及雪荷载按 50 年重现期确定（表 3.4-1）。本项目屋面造型较为复杂，根据《高钢规》第 5.2.7 条，为了准确计算风荷载及各参数，对建筑进行了风洞试验。

风荷载及雪荷载 表 3.4-1

荷载	项目	指标
风荷载	基本风压	0.35kN/m²
	地面粗糙度	B 类
	体型系数	1.3
	阻尼比	0.02
雪荷载	基本雪压	0.25kN/m²

注：承载力计算时，基本风压放大 1.1 倍。

3.4.2 地震作用

根据《高钢规》第 5.3.1 条的规定，本工程存在长悬臂结构（悬挑长度 27m）和大跨网架屋盖，8 度抗震设计时，除考虑水平地震作用外，尚应计入竖向地震作用。竖向地震应使用反应谱分析计算，且竖向地震作用标准值，不宜小于结构承受的重力荷载代表值与《高钢规》表 5.5.3 规定的竖向地震作用系数的乘积。本工程所在地设防烈度为 8 度，基本地震加速度为 0.2g，故竖向地震作用系数可取 0.10。

根据《抗规》《中国地震动参数区划图》及地勘报告所述，本工程设计时所取用的地震参数与指标按表 3.4-2 采用。

地震参数与指标 表 3.4-2

项目		指标
建筑工程抗震设防分类		重点设防类
地震参数	抗震设防烈度	8 度
	场地类别	Ⅲ类

续表

项目		指标
地震参数	设计地震分组	第二组
	基本地震加速度	0.20g
	特征周期（大震）	0.55s（0.60s）
水平地震影响系数最大值	小震	0.16
	中震	0.45
	大震	0.90
地震峰值加速度	小震	70cm/s²
	中震	200cm/s²
	大震	400cm/s²
结构阻尼比	小震	0.04
	中震	0.04
	大震	0.05

注：结构阻尼比根据《高钢规》第 5.4.6 条采用。

3.4.3　使用荷载

3.4.3.1　恒荷载

根据建筑要求及面层、墙体做法，恒荷载标准值（不含结构梁板自重，其自重由程序自动计算）见表 3.4-3。

恒荷载标准值　　　　　　　　　　表 3.4-3

分类	建筑功能区	恒荷载值/（kN/m²）	备注
面载	普通楼面（5cm 厚面层）	1.0	
	卫生间	2.5	找平层与面层共 12cm
	吊顶	1.0	包含各类管道自重
	普通屋面	5.0	上人
线载	填充墙体	1.8	10cm 轻质墙板，加双面抹灰
	玻璃幕墙	1.0	根据龙骨大小，适当调整
	电梯井道、楼梯间	2.0	200mm 厚砌块，加双面抹灰，砌块重度不大于 6kN/m³

3.4.3.2　活荷载

楼面均布活荷载标准值按《荷载规范》取值，设计基准期为 50 年。活荷载标准值见表 3.4-4。

活荷载标准值   表 3.4-4

建筑功能区	活荷载值/（kN/m²）
商店、展厅、交易交流厅	3.5
会议室、办公室	2.0
密集柜书库	12.0
书库、档案库	5.0
多功能厅	3.0
普通阅览室	2.0
藏阅一体阅览室	5.0
周转库（贮藏室）	5.0
种植屋面	3.0
普通屋面（上人）	2.0
普通屋面（不上人）	0.5
走廊、门厅、楼梯间	3.5
卫生间	2.5
美术培训	3.5
空调机房、通信机房、风机房	7.0
变电所、信息机房、气瓶间	10.0
一层施工荷载	4.0
地下一层停车库（考虑施工荷载）	4.0
网架屋面活荷载	1.0
网架屋面吊挂荷载	2.5

3.4.4 荷载组合

非抗震组合：

（1）$1.1 \times （1.3D + 1.5L）$

（2）$1.1 \times （1.0D + 1.5L）$

（3）$1.1 \times （1.3D + 1.5 \times 0.7L \pm 1.5W）$

（4）$1.1 \times （1.3D + 1.5L \pm 1.5 \times 0.6W）$

（5）$1.1 \times （1.0D + 1.5 \times 0.7L \pm 1.5W）$

（6）$1.1 \times （1.0D + 1.5L \pm 1.5 \times 0.6W）$

其中：D 为永久荷载效应标准值；

L 为活荷载效应标准值；

W 为风荷载效应标准值。

抗震组合：

（1）$1.3G \pm 1.3E_h$

（2）$1.3G \pm 1.3E_v$

（3）$1.3G \pm 1.3E_h \pm 0.5E_v$

（4）$1.3G \pm 0.5E_h \pm 1.3E_v$

（5）$1.3G \pm 1.3E_h \pm 0.3W$

（6）$1.3G \pm 1.3E_h \pm 0.5E_v \pm 0.3W$

（7）$1.3G \pm 0.5E_h \pm 1.3E_v \pm 0.3W$

其中：G为重力荷载代表值的效应；

E_h为水平地震作用标准值的效应；

E_v为竖向地震作用标准值的效应。

3.5　地基及基础工程

3.5.1　地形、地层分布及特性

3.5.1.1　地形、地貌

拟建场地位于西安浐灞生态区广运潭大道西侧，场地北临灞浦四路，南临灞浦三路，场地西北角点坐标为$X = 22241.583$m，$Y = 17526.798$m。场地地形较平坦，场地局部有挖坑，勘探点孔口高程介于 $364.02 \sim 375.34$m 之间，最大高差 11.32m。依据《西安地区环境地质图集》（1999），地貌单元属灞河左岸河漫滩。

3.5.1.2　地层结构

地层结构见表 3.5-1，各主要土层的地基承载力特征值及压缩模量见表 3.5-2。

地层结构　　　　　　　　　　　　　　　　　　　　　　　表 3.5-1

土层编号	土层描述
杂填土①Q_4^{ml}	土质不均匀，含较多砖块、砂砾等建筑垃圾及少量生活垃圾，厚度 0.40～11.5m
粗砂②Q_4^{al+pl}	含少量圆砾、卵石，级配不良，中密，稍湿，层底埋深 1.4～12.5m
粉质黏土③Q_4^{al+pl}	土质均匀，含铁锰质成分，可塑状态，中压缩性，层底埋深 0.9～13.2m
中粗砂④Q_4^{al+pl}	级配不良，密实，湿—饱和，层底埋深 9.3～23.2m
粉质黏土⑤Q_3^{al+pl}	土质均匀，可塑状态，中压缩性，层底埋深 14.3～27.5m
中砂⑤$_1Q_3^{al+pl}$	位于⑤层土中部，密实，饱和，层厚 0.7～3.2m
中粗砂⑥Q_3^{al+pl}	级配不良，密实，饱和，层底埋深 19.9～33.0m
粉质黏土⑦Q_3^{al+pl}	土质均匀，含铁锰质成分及少量钙质结核，可塑状态，中压缩性，层底埋深 22.7～34.3m
中砂⑧Q_3^{al+pl}	级配不良，密实，饱和，层底埋深 41.0～53.0m
中砂⑨Q_2^{al+pl}	级配不良，密实，饱和，层底埋深 56.3～58.3m
粉质黏土⑩Q_2^{al+pl}	土质均匀，可塑状态，中压缩性，未穿透

各主要土层的地基承载力特征值及压缩模量 表 3.5-2

土层编号	压缩模量/MPa	承载力特征值/kPa	土层编号	压缩模量/MPa	承载力特征值/kPa
粗砂②Q$_4$$^{al+pl}$	20	150	中粗砂⑥Q$_3$$^{al+pl}$	25	260
粉质黏土③Q$_4$$^{al+pl}$	8.3	200	粉质黏土⑦Q$_3$$^{al+pl}$	8.1	240
中粗砂④Q$_4$$^{al+pl}$	20	250	中砂⑧Q$_3$$^{al+pl}$	30	260
粉质黏土⑤Q$_3$$^{al+pl}$	7.6	220	中砂⑨Q$_2$$^{al+pl}$	30	280
中砂⑤$_1$Q$_3$$^{al+pl}$	25		粉质黏土⑩Q$_2$$^{al+pl}$	6.3	260

3.5.1.3 场地岩土工程评价

湿陷性： 根据对部分钻孔水位以上所取不扰动土样进行的湿陷性试验可知，各土样的湿陷系数均小于 0.015，勘察场地为非湿陷性黄土场地。

地下水： 勘察期间，在各钻孔实测场地地下水稳定水位埋深为 6.1～17.5m，相应标高为 357.66～358.04m。拟建建筑物抗浮设计水位可按 368.50m 考虑。

腐蚀性： 场地环境类别为 Ⅱ 类。

地下水对混凝土结构及钢筋混凝土结构中的钢筋具微腐蚀性。场地土对混凝土结构及钢筋混凝土结构中的钢筋具微腐蚀性。

3.5.2 地基基础

本工程地上二至六层，地下两层，虽然柱底内力差距较大，但柱底内力的绝对值和差值都不大，所以采用天然地基方案，持力层为③层粉质黏土层，地基承载力和变形满足规范要求。

基础采用厚筏基础，板厚 1m，局部 1.3m，同时设置上柱墩，筏板满足冲切和剪切要求。

3.6 上部结构方案

3.6.1 结构体系及结构布置

本工程地下室连为整体，地上建筑分为四个独立单体，各单体采用全钢框架结构，框架柱采用钢管柱，为提高竖向承载力及抗侧刚度，局部框架柱采用钢管混凝土柱，框架梁采用 H 形实腹梁。屋盖以双向正交网架为主，各单体角部悬挑区及内平衡区采用管桁架，屋盖与框架柱顶之间采用铰接连接。网架高度 2.2m（球体中心算起），悬挑管桁架根部高度 2.5m。图书馆西侧屋盖自柱边向美术馆方向延伸 36m，支撑于美术馆框架柱顶，支座采用橡胶滑移支座，两单体屋盖之间设置防震缝。为加强结构整体刚度，顶层周边框架柱头之间设箱形钢梁，同时作为幕墙的支撑点，中间部分的框架柱由于屋盖造型、柱距的影响，无法设置框架梁，直接与网架相连。

整个屋盖为球面形状，如图 3.6-1 屋盖等高线所示，角部区域与中部区域高差很大，所以部分柱是从一层楼板直接升至屋顶，另外一部分分别从各层升至屋顶，顶层柱的长度变化较大，从几米至十几米不等。为满足建筑功能要求，中间部位抽柱较多，且无规律，柱距自 9m 至 36m 变化，导致梁断面高度变化较多。同时由于楼面开大洞原因，多处框架柱只有单向框架梁约束，所以整体而言，结构抗侧、抗扭刚度较弱。

根据等高线图，屋盖形成巨大的汇水面，为解决排水问题，以等高线为界线，设置大量排水沟，沟深 0.4m，沟宽 0.8m，为满足其要求，屋盖建筑构造较厚。网架下弦吊顶要兼顾防火、隔声功能，其做法同样较厚。综合上述两方面内容来看，屋面荷载很大，完全不同于常规的轻型屋盖。图 3.6-2 为 4 个单体组装整体模型，图 3.6-3 为图书馆东侧模型，图 3.6-4 为图书馆西侧模型，图 3.6-5 为美术馆模型，图 3.6-6 为交易中心模型。

4 个结构单元，结构楼板均采用高层建筑常用的组合楼板形式：钢筋桁架楼承板组合梁板体系，楼面梁采用工字钢梁，一般楼层跨度约为 9m，次梁间距约为 3m，板厚为 120mm。

在计算整体抗震指标时，按照刚性楼板的假定考虑。计算应力及配筋时，大悬挑部分楼层，由于大开洞的存在，刚性楼板假定会导致计算结果不准确，故在整体计算时，楼板均按照弹性楼板考虑。

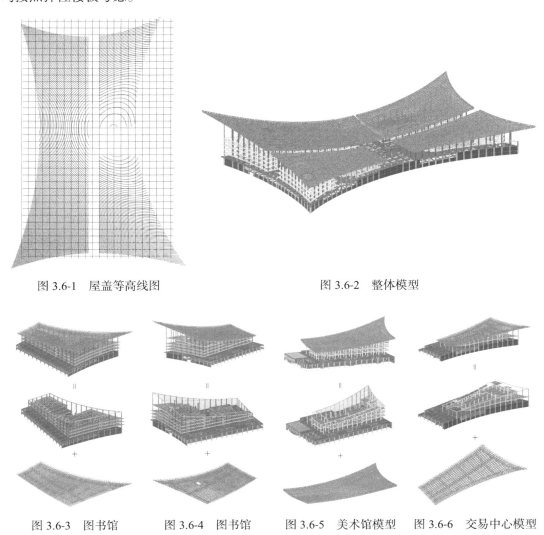

图 3.6-1　屋盖等高线图　　　　　　　　图 3.6-2　整体模型

图 3.6-3　图书馆　　　图 3.6-4　图书馆　　　图 3.6-5　美术馆模型　　图 3.6-6　交易中心模型
　　　　东侧模型　　　　　　西侧模型

3.6.2 结构构件布置

图书馆东侧与西侧均为地下二层，地上四层，局部有夹层，层高为5.4m。地下室顶板局部存在大开洞。二层与一层投影面积相同，二层局部楼板开设大洞，导致局部存在跃层柱。三层、四层平面收进严重。平面柱网主要为9m×9m，主要结构构件尺寸见表3.6-1。结构布置见图3.6-7～图3.6-10。

主要结构构件尺寸   表 3.6-1

构件编号	截面尺寸/mm	说明
GKZ1	方管 800×800×40	Q355B
GKZ2	方管 800×800×60	Q355B
GKZ3	圆管 800×35	Q355B
GKZ4	圆管 1000×40	Q355B
GKZ5	圆管 1000×60	Q355B
GGZ1	圆管 1000×60	Q390B
GGZ2	圆管 1200×60	Q390B
GKL1	H700×300×14×25	Q355B
GKL2	H800×300×14×35	Q355B
GKL3	箱形 1200×450×25×60	Q355B
GKL4	H1000×350×20×40	Q355B
GL1	H600×200×12×18	Q355B
GL2	H700×300×14×25	Q355B
GL3	H1000×200×20×35	Q355B

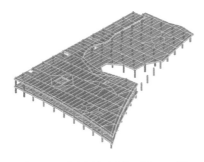

图 3.6-7　图书馆东侧二层、三层结构布置

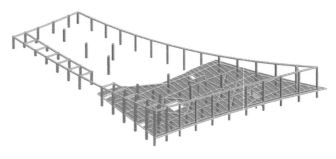

图 3.6-8　图书馆东侧四层、屋面层结构布置

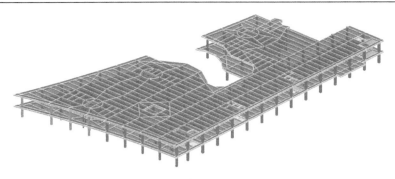

图 3.6-9　图书馆西侧二层、三层结构布置

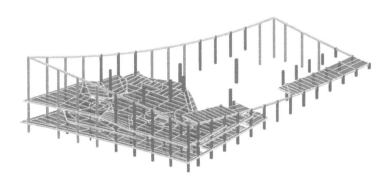

图 3.6-10　图书馆西侧四层、五层、屋面层结构布置

美术馆与**交易中心**均为地下二层，地上三层，一层层高 6.6m，二层层高 6.0m。地下室顶板局部存在大开洞。二层、三层大面积为 18m 大跨度，局部楼板开设大洞与边界收进，导致局部存在跃层柱。三层平面收进严重。平面柱网主要为 9m × 9m，主要结构构件尺寸见表 3.6-2。结构布置见图 3.6-11～图 3.6-14。

整体结构实景见图 3.6-15。

主要结构构件尺寸　　　　　　　　　　　　表 3.6-2

构件编号	截面尺寸/mm	说明
GKZ1	方管 800 × 800 × 40	Q355B
GKZ2	方管 800 × 800 × 60	Q355B
GKZ3	圆管 800 × 35	Q355B
GKZ4	圆管 1000 × 40	Q355B
GKZ5	圆管 1000 × 60	Q355B
GGZ1	圆管 1000 × 60	Q390B
GGZ2	方管 800 × 800 × 60	Q390B
GKL1	H700 × 300 × 14 × 25	Q355B
GKL2	H800 × 300 × 14 × 35	Q355B

续表

构件编号	截面尺寸/mm	说明
GKL3	H1300 × 400 × 25 × 35	Q355B
GKL4	H1500 × 400 × 28 × 35	Q355B
GKL5	箱形 800 × 500 × 25 × 25	Q355B
GKL6	箱形 1300 × 450 × 35 × 35	Q355B
GKL7	箱形 1500 × 400 × 35 × 35	Q355B
GL1	H600 × 200 × 12 × 18	Q355B
GL2	H700 × 300 × 14 × 25	Q355B
GL3	H1200 × 400 × 25 × 35	Q355B
GL4	H1000 × 400 × 20 × 35	Q355B
GL5	H700 × 300 × 14 × 25	Q355B
GL6	箱形 1200 × 400 × 35 × 35	Q355B
GL7	箱形 1200 × 300 × 35 × 35	Q355B

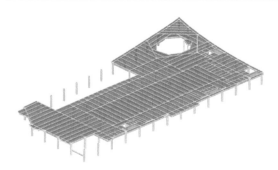

图 3.6-11　美术馆二层结构布置

图 3.6-12　美术馆三层、屋面层结构布置

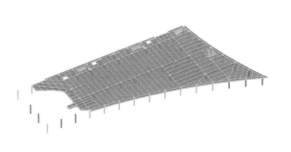

图 3.6-13　交易中心二层结构布置

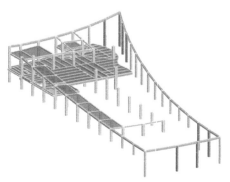

图 3.6-14　交易中心三层、屋面层结构布置

图 3.6-15　整体结构实景图

3.7　结构超限类别判定及加强措施强

3.7.1　超限情况分析

根据《审查要点》附件 1 中所述内容，对本工程的超限情况作如下判定，见表 3.7-1～表 3.7-4。

表 2：同时具有下列三项及三项以上不规则的高层建筑工程（不论高度是否大于表 1）

表 3.7-1

序号	不规则类型	简要涵义	指标判断				超限结论
1a	扭转不规则	考虑偶然偏心的扭转位移比大于 1.2	A 楼：1.39	B 楼：1.51	C 楼：1.29	D 楼：1.16	是
1b	偏心布置	偏心率大于 0.15 或相邻层质心相差大于相应边长 15%	偏心率最大 0.10				否
2a	凹凸不规则	平面凹凸尺寸大于相应边长 30%等	A、D 楼二层局部凹进				是
2b	组合平面	细腰形或角部重叠形	无				否
3	楼板不连续	有效宽度小于 50%，开洞面积大于 30%，错层大于梁高	A～D 楼 2 层以上开洞面积大于 30%				是
4a	刚度突变	相邻层刚度变化大于 70%（按高规考虑层高修正时，数值相应调整）或连续三层变化大于 80%	无				否
4b	尺寸突变	竖向构件收进位置高于结构高度 20%且收进大于 25%，或外挑大于 10%和 4m，多塔	无				否
5	构件间断	上下墙、柱、支撑不连续，含加强层、连体类	无				否
6	承载力突变	相邻层受剪承载力变化大于 80%	无				否

159

续表

序号	不规则类型	简要涵义	指标判断	超限结论
7	局部不规则	局部的穿层柱、斜柱、夹层、个别构件错层或转换，或个别楼层扭转位移比略大于 1.2 等	局部穿层柱，局部夹层	是

注：1. 深凹进平面在凹口设置连梁，当连梁刚度较小不足以协调两侧的变形时，仍视为凹凸不规则，不按楼板不连续的开洞对待；序号 a、b 不重复计算不规则项；局部的不规则，视其位置、数量等对整个结构影响的大小判断是否计入不规则的一项。

2. A 楼为图书馆东侧，B 楼为图书馆西侧，C 楼为美术馆，D 楼为交易中心。

表3：具有下列 2 项或同时具有下表和表 2 中某项不规则的高层建筑工程
（不论高度是否大于表 1） 表 3.7-2

序号	不规则类型	简要涵义	指标判断	超限结论
1	扭转偏大	裙房以上的较多楼层考虑偶然偏心的扭转位移比大于 1.4（表 2 之 1 项不重复计算）	B 楼局部楼层为 1.51	是
2	抗扭刚度弱	扭转周期比大于 0.9，超过 A 级高度的结构扭转周期比大于 0.85		否
3	层刚度偏小	本层侧向刚度小于相邻上层的 50%（表 2 之 4a 项不重复计算）		否
4	塔楼偏置	单塔或多塔与大底盘的质心偏心距大于底盘相应边长 20%（表 2 之 4b 项不重复计算）	无	否

表4：具有下列某一项不规则的高层建筑工程（不论高度是否大于表 1） 表 3.7-3

序号	不规则类型	简要涵义	超限结论
1	高位转换	框支墙体的转换构件位置：7 度超过 5 层，8 度超过 3 层	否
2	厚板转换	7～9 度设防的厚板转换结构	否
3	复杂连接	各部分层数、刚度、布置不同的错层，连体两端塔楼高度、体型或沿大底盘某个主轴方向的振动周期显著不同的结构	否
4	多重复杂	结构同时具有转换层、加强层、错层、连体和多塔等复杂类型的 3 种	否

注：仅前后错层或左右错层属于表 2 中的一项不规则，多数楼层同时前后、左右错层属于本表的复杂连接。

表5：具有下列某一项不规则的高层建筑工程（不论高度是否大于表 1） 表 3.7-4

序号	不规则类型	简要涵义	指标判断	超限结论
1	特殊类型高层建筑	抗震规范、高层混凝土结构规程和高层钢结构规程暂未列入的其他高层建筑结构，特殊形式的大型公共建筑及超长悬挑结构，特大跨度的连体结构等		否
2	大跨屋盖建筑	空间网格结构或索结构的跨度大于 120m 或悬挑长度大于 40m，钢筋混凝土薄壳跨度大于 60m，整体张拉式膜结构跨度大于 60m，屋盖结构单元的长度大于 300m，屋盖结构形式为常用空间结构形式的多重组合、杂交组合以及屋盖形体特别复杂的大型公共建筑		否

超限判定结论：

高度是否超限判别：根据《审查要点》附件 1 中的表 1（超限高层建筑工程高度超限判别）及《钢管混凝土结构技术规范》，本工程 4 个单体地上结构高度最高约为 45m，未超过规范 8 度区钢框架结构最大高度 90m 的规定，**故建筑高度不超限**。

不规则性是否超限判别：根据附件 1 中的表 2～表 5 的内容，逐条对照检查，结构存在的超限情况如下：

（1）扭转不规则。

（2）楼板不连续。

（3）凹凸不规则。

（4）局部不规则。

（5）扭转偏大。

根据《审查要点》，本工程属于需进行超限高层建筑工程抗震设防专项审查的项目。

3.7.2　针对超限的加强措施

针对上述超限内容，特采取以下措施进行加强处理：

（1）加强顶层柱的稳定性和承载能力，采用多种方式复核框架柱计算长度系数控制长细比。并采用弹性直接分析法对顶层钢柱内力进行控制，按照《钢标》第 5.5.7 条公式进行验算，控制最终应力比不大于 0.90。

（2）采用比常规结构更高的抗震设防目标，重要的关键构件（跃层柱及顶部钢柱）均采用中震或大震下的性能标准进行设计。采用两种空间结构计算软件（YJK 和 PMSAP）相互对比验证，并通过弹性时程分析对反应谱的结果进行相应调整。

（3）采用有限元分析软件进行结构大震下的弹塑性时程分析，分析耗能机制，控制大震下层间位移角不大于 1/50，并对计算中出现的薄弱部位进行加强。

（4）钢框架抗震等级设置为二级，并严格控制竖向构件的轴压比，框架柱的轴压比不超过 0.40（类似于 2 倍小震下的组合内力验算结果）。

（5）楼板不连续部位，加大洞边钢梁的规格，并采用双层双向配筋，且增大配筋率。构件设计时，采用弹性楼板假定验算结构的内力与截面。

3.7.3　结构抗震性能目标

根据《抗规》《高钢规》对结构抗震性能化设计方法要求，制定了本工程抗震性能目标：结构抗震性能目标参照 C 级，主要针对跃层柱及顶层钢柱提出了较为严格的性能要求。结构抗震性能目标见表 3.7-5。

结构抗震性能目标

表 3.7-5

地震水准		多遇地震	设防烈度地震	罕遇地震
性能水准		完好无损	轻度损坏	中等损坏
层间位移角限值		$h/250$		$h/50$
关键构件	跃层柱及顶部框架柱	弹性	弹性	不屈服
普通竖向构件	框架柱	弹性	轻微损坏	部分中度损坏
耗能构件	框架梁	弹性	部分中度损坏	大部分构件中等损坏，部分严重损坏
节点		不先于构件破坏		

3.8 结构弹性分析结果

3.8.1 计算软件、楼层嵌固部位

3.8.1.1 计算软件

结构在竖向荷载、风荷载和多遇地震作用（50 年超越概率 63.2%）下的内力及变形等，均按弹性方法分析。初步设计中，采用 YJK 软件（版本 3.0.1）和 PMSAP-V5 两种软件进行对比分析。

结构计算时，分别按照 4 个结构单元进行受力分析。

在进行重力荷载效应分析时，考虑施工过程的模拟，采用分层加载法，以反映实际的施工状态。抗震计算时，考虑扭转耦联以计算结构的扭转效应。各水准下的地震计算采用反应谱的方法，振型取 60 个，小震计算考虑水平地震和竖向地震作用，并考虑偶然偏心。竖向地震的计算采用反应谱的方法。振型参与质量系数不小于 90%。

根据规范要求，对于周期比、位移比等抗震指标的计算，采用刚性板假定。在计算内力及配筋时，计算中采用弹性楼板假定。

3.8.1.2 楼层嵌固部位

本工程一层楼板大开洞，且有较大面积的下沉庭院，为确定一层楼板是否可作嵌固端，对比计算了两种方案：（1）地下一层楼板为嵌固端，一层楼板按弹性板计算；（2）一层楼板不开洞，作为嵌固端。其中一层不开洞模型为理想模型。以一层四个塔楼的底部剪力为指标，根据表 3.8-1 中计算结果，4 个塔楼底部剪力值接近，说明选取一层为嵌固端接近理想模型。

《高规》规定，当地下室顶板作为上部结构嵌固部位时，地下一层与首层剪切刚度比不宜小于 2。计算地下室结构楼层刚度时，可考虑地上结构以外的地下室相关部位的结构，"相关部位"一般指地上结构外扩不超过三跨的地下室范围。

从表 3.8-1、表 3.8-2 可以看出，由于上部为全钢框架结构，且层数不多，地下室部分为混凝土结构，虽然楼板开了大洞、周边有下沉庭院，但两者的刚度比还是相差很多，一层楼板作为计算嵌固端是合适的。

不同嵌固部位基底剪力对比 　　　　　　　　　　　表 3.8-1

楼号	嵌固端位置			
	地下一层		一层	
	X	Y	X	Y
图书馆西侧	14279.05	20152.07	14271.2	20140.69
图书馆东侧	12626.66	14470.33	12636.54	14483.22
美术馆	8789.51	9083.06	8784.78	9096.77
交易中心	8498.63	10229.17	8511.92	10214.05

嵌固部位层剪切刚度比验算　　　　　表 3.8-2

楼号	X向	Y向
图书馆东侧（A 楼）	3.68	4.5
图书馆西侧（B 楼）	10	11
美术馆（C 楼）	16.6	27.8
交易中心（D 楼）	17	27.5

3.8.2　A 楼主要计算结果

3.8.2.1　A 楼主要计算指标

A 楼 YJK 和 PMSAP 主要计算结果对比见表 3.8-3。

A 楼 YJK 和 PMSAP 主要计算结果对比　　　　　表 3.8-3

计算软件		YJK		PMSAP	
计算振型数		60		60	
前 3 阶 自振周期/s	第一平动周期 （T_1）	1.235 （扭转占 40%）	X向平动	1.210	X向平动
	第二平动周期 （T_2）	0.920 （扭转占 0%）	Y向平动	0.905	Y向平动
	第一扭转周期 （T_t）	0.866 （扭转占 58%）	扭转	0.843	扭转
T_t/T_1		0.702		0.697	
结构总质量（含地下室）/t （包括恒荷载、活荷载产生的质量）		56057		56071	

3.8.2.2　A 楼整体结构振型

根据 YJK 和 PMSAP 的分析，结构两个水平 X、Y 方向及竖向地震的振型质量参与系数均大于 90%，满足规范要求。

3.8.2.3　A 楼剪重比

表 3.8-4 为多遇地震作用下，YJK 和 PMSAP 两种软件计算所得结构各楼层对应于地震作用标准值的剪重比对比。根据《抗规》第 5.2.5 条及《高钢规》第 5.4.5 条的规定，在多遇水平地震作用下，基本周期小于 3.5s 的结构，各楼层对应于水平地震作用标准值的剪力系数λ应为 0.032，由表 3.8-4 计算数据可知，两种软件计算所得的剪重比结果均满足规范限值。

结构楼层剪重比　　　　　表 3.8-4

	楼层剪重比	X	Y		楼层剪重比	X	Y
YJK	4	9.06%	12.44%	PMSAP	4	8.66%	11.55%
	3	7.76%	10.83%		3	8.69%	11.15%
	2	6.80%	9.23%		2	7.46%	9.18%
	1	5.57%	7.30%		1	6.04%	7.10%

3.8.2.4　A 楼结构层间位移角

多遇地震作用下，X、Y 向地震作用下结构两个方向的楼层层间最大位移角为 1/370 和 1/394，均小于 1/250，满足规范要求。顶层位移角统计时，由于各柱高差异很大，故按照每个钢柱单独进行统计（限于篇幅，表 3.8-5 中仅列出 A 楼顶层部分钢柱的位移角），A 楼钢柱编号见图 3.8-1。

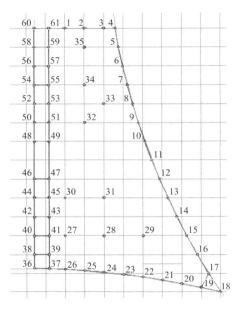

图 3.8-1　A 楼钢柱编号

A 楼顶层钢柱位移角统计　　　　　　　　　　　　　　　　　表 3.8-5

钢柱编号	H/mm	X向地震位移差/mm	X向地震位移角	Y向地震位移差/mm	Y向地震位移角
1	6674	5.41	1/1234	13.83	1/483
2	6656	5.44	1/1224	16.91	1/394
3	6825	5.47	1/1248	16.02	1/426
4	7018	5.52	1/1271	14.93	1/470
5	7570	8.80	1/860	15.10	1/501
6	8193	11.77	1/696	15.65	1/524
7	8885	13.47	1/660	16.20	1/548
8	9684	16.26	1/596	17.19	1/563
9	15982	22.00	1/726	22.60	1/707
10	22981	22.80	1/1008	23.32	1/985
11	24082	28.20	1/854	22.76	1/1058
12	8485	11.30	1/751	11.21	1/757
13	4389	6.73	1/652	6.01	1/730

钢柱编号	H/mm	X向地震位移差/mm	X向地震位移角	Y向地震位移差/mm	Y向地震位移角
14	5795	10.77	1/538	6.59	1/879
15	7301	15.56	1/469	6.89	1/1060
16	8906	20.40	1/437	6.62	1/1345
17	10603	23.00	1/461	9.95	1/1066
18	10800	27.11	1/371	9.24	1/1169
19	12125	25.71	1/472	11.16	1/1086
20	11981	25.12	1/477	12.82	1/935

3.8.2.5　A 楼最大扭转位移比

在考虑偶然偏心影响的规定水平地震作用下，（不计入网架部分）楼层竖向构件最大水平位移和楼层平均位移的比值（扭转位移比）为 1.39，小于 1.40 但大于 1.2，属于一般的扭转不规则项。

3.8.2.6　A 楼楼层侧向刚度比及受剪承载力比

侧向刚度比：按照《高钢规》第 3.3.10 条，对框架结构，楼层与其相邻上层的侧向刚度比应按照式（3.3.10-1）计算。计算结果（表 3.8-6）表明：本结构楼层与其相邻上层的侧向刚度比值均大于 0.7，与其相邻上部三层刚度平均值的比值大于 0.80，满足规范要求。

结构楼层侧向刚度比计算结果　　　　　　　　　表 3.8-6

层号	X向		Y向		软弱层
	本层与上层侧移刚度比	地震剪力放大系数	本层与上层侧移刚度比	地震剪力放大系数	
1	2.71	1.00	2.23	1.00	否
2	1.95	1.00	1.63	1.00	否
3	2.62	1.00	2.10	1.00	否
4	1.00	1.00	1.00	1.00	否

受剪承载力之比：按照《高钢规》第 3.3.2 条规定，楼层抗侧力结构的层间受剪承载力不宜小于其相邻上一层受剪承载力的 80%，不应小于其相邻上一层受剪承载力的 65%。计算结果（表 3.8-7）表明：结构楼层层间受剪承载力与其相邻上层承载力之比大于 0.8，满足规范要求。

楼层受剪承载力之比计算结果　　　　　　　　　表 3.8-7

层号	X向		Y向		薄弱层
	本层与上层受剪承载力比	地震剪力放大系数	本层与上层受剪承载力比	地震剪力放大系数	
1	1.57	1.00	1.56	1.00	否
2	1.28	1.00	1.27	1.00	否

续表

层号	X向		Y向		薄弱层
	本层与上层受剪承载力比	地震剪力放大系数	本层与上层受剪承载力比	地震剪力放大系数	
3	0.93	1.00	0.88	1.00	否
4	1.00	1.00	1.00	1.00	否

3.8.2.7 A楼弹性时程分析补充计算

1）输入地震时程

根据《高钢规》第5.3.3条要求，在波形的数量上，采用5组自然波和2组人工时程波，每组时程波包含两个方向的分量。在波形的选择上，除符合有效峰值、持续时间等方面的要求外，还要满足基底剪力及高阶振型方面的有关要求。对于有效峰值，多遇地震弹性时程分析，本工程处于8度地震区，设计基本地震加速度为0.20g，峰值为70cm/s²。对于持续时间，根据《高规》，不宜小于建筑结构基本自振周期的5倍和15s的要求，针对本工程基本周期，选用35s的有效时程长度。图3.8-2为以上7组地震波与规范反应谱的对比图。

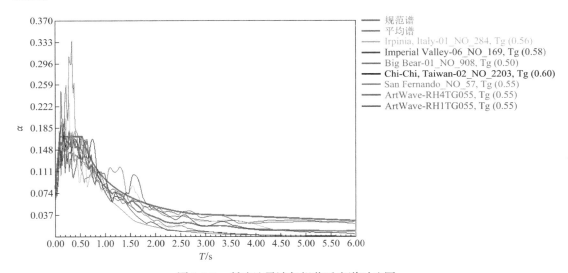

图 3.8-2 所选地震波与规范反应谱对比图

2）地震时程反应分析结果

根据弹性时程分析计算结果，上述7组时程曲线X和Y方向地震作用下的基底剪力基本处于反应谱的80%～120%之间，且平均值为反应谱的93%，满足规范和超限审查的各项要求。

3）时程分析对反应谱分析法的内力调整

本工程设计中按规范要求，将7条动力时程波各层剪力的平均值与反应谱进行比较，将放大调整系数按X及Y分方向对反应谱分析结果进行调整。由计算结果可知：结构动力时程分析计算平均值均小于反应谱输出的地震层剪力，故反应谱计算的地震结果可以不进行放大，楼层调整系数统一取1.00。

4）时程分析与反应谱分析其他参数对比

弹性时程分析与振型分解反应谱法对应的各个楼层的最大层弯矩、最大楼层位移的对比结果如图 3.8-3、图 3.8-4 所示。

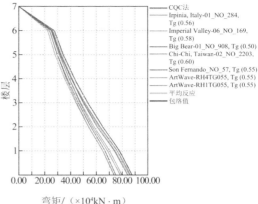

图 3.8-3　小震时程与反应谱 X、Y 方向楼层弯矩比较

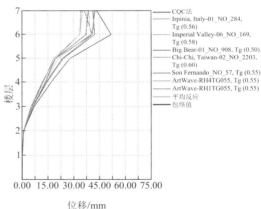

图 3.8-4　小震时程与反应谱 X、Y 方向楼层位移比较

弹性时程分析总结：

（1）每条时程曲线计算所得的结构底部剪力均大于振型分解反应谱法计算结果的 65%，3 条时程曲线计算所得的结构底部剪力平均值大于振型分解反应谱法计算结果的 80%，因此选用的地震波满足规范的相关要求。

（2）时程分析法与振型分解反应谱法计算结果显示，二者计算的结构反应特征、变化规律基本一致，结果合理可信。

（3）时程分析得到的基底剪力平均值小于反应谱法计算得到的基底剪力值，因此按照反应谱法得到的结果进行设计是安全可靠的。

3.8.2.8 A 楼框架柱计算长度系数

本工程虽为钢框架结构，但由于顶部钢柱及跃层柱高度较大，柱与网架屋盖上部采用铰接连接，且网架屋盖为斜向双曲形状，各层楼板面积变化较大，楼层概念模糊，故顶部钢柱并不符合《钢标》第 8.3.1 条无支撑框架柱一阶弹性分析方法中计算长度系数法的假定前提：①钢柱同时失稳，②各柱刚度系数相同。

因此，为详细研究顶层钢柱的计算长度系数，本工程拟采用各钢柱临界荷载的方法确定构件计算长度系数。通过线性屈曲分析确定钢框架柱的临界荷载 N_{cr}，然后由欧拉临界荷载公式反算各框架柱的计算长度系数。

$$N_{cr} = \frac{\pi^2 EI}{(\mu l)^2} \qquad \mu = \frac{\pi}{l}\sqrt{\frac{EI}{N_{cr}}}$$

其中，EI 为钢柱发生屈曲方向的弹性抗弯刚度；N_{cr} 为钢柱对应的屈曲临界荷载；l 为杆件的几何长度；μ 为钢柱计算长度系数。

计算钢柱临界荷载时，采用 MIDAS Gen 设计软件进行屈曲分析，屈曲分析时，将上部网架的恒荷载、活荷载作用等效为集中荷载以节点力的形式施加于框架柱顶，将网架上部均布荷载删除；计算完成后，得到各阶屈曲模态形状及屈曲临界荷载系数；检查各阶屈曲模态，并找出结构第一阶框架柱整体屈曲时所对应的临界荷载系数，乘以各框架柱相应的初始态轴力，得到每根框架柱的屈曲临界荷载 N_{cr}。柱子屈曲分析时钢框架柱的编号见图 3.8-1。表 3.8-8 为顶层钢框架柱计算长度系数及长细比的计算结果（限于篇幅，仅列出部分柱的结果）。

对于有钢梁（跨度较小）双向刚接约束的顶部框架钢柱，整体屈曲模态中变形很小，难以到达单个失稳，采用整体屈曲模态对应的临界荷载值与实际并不相符，所以此部分柱的计算长度系数我们拟采用反向加载单位节点荷载的屈曲分析方法反算临界荷载得出，由计算结果（表 3.8-8）可知：此部分柱子的计算长度系数（表格中括号内的数值）与 YJK 一阶计算长度系数差距较小，略小于一阶方法计算得到的计算长度系数。

A 楼顶层钢柱计算长度系数及长细比计算结果　　　　　　　表 3.8-8

钢柱编号	钢柱计算长度系数（YJK）	N_{cr}/kN	H/mm	EI	μ	λ
1	3.16	72732	6674	4.04788E + 15	3.51	70.38
2	3.3	73854	6656	4.04788E + 15	3.49	69.84
3	3.41	62766	6825	4.04788E + 15	3.70	75.76
4	2.5	91278	7018	8.1224E + 15	4.22	48.98
5	2.52	103158	7570	8.1224E + 15	3.68	46.08
6	2.5	103686	8193	8.1224E + 15	3.39	45.96
7	2.42	98802	8885	8.1224E + 15	3.21	47.08
8	2.03	109560	9684	5.10763E + 15	2.22	40.78
9	1.8	133782	15982	5.10763E + 15	1.21	36.90
10	1.3	143220	22981	5.10763E + 15	0.82	35.67
11	1.27	141966	24082	5.10763E + 15	0.78	35.82

续表

钢柱编号	钢柱计算长度系数（YJK）	N_{cr}/kN	H/mm	EI	μ	λ
12	2.21	122232	8485	5.10763E + 15	2.39	38.61
13	2.39	116490	4389	5.10763E + 15	4.74	39.55
14	2.12	110154	5795	4.04788E + 15	3.29	57.19
15	2.02	112860	7301	4.04788E + 15	2.58	56.50
36	1.75	71478	14630	3.36E + 15	1.47（**1.34**）	64.69（**58.87**）
37	1.50	68838	14240	3.36E + 15	1.54（**1.42**）	65.92（**60.72**）
38	1.72	59730	13260	3.36E + 15	1.78（**1.62**）	70.77（**64.51**）
39	1.54	31944	12750	3.36E + 15	2.53（**1.43**）	96.77（**54.75**）
40	1.76	65274	11250	3.36E + 15	2.00（**1.66**）	67.70（**56.08**）

根据计算结果可以看出：通过屈曲分析确定的钢柱计算长度系数与 YJK 按照传统方法确定的钢柱计算长度系数均存在一定的差距，最终以屈曲分析确定的计算长度系数来控制钢柱的长细比；计算结果表明：大部分框架柱长细比满足二级框架柱长细比 70 的限值要求，个别框架柱长细比大于 70，但满足三级框架柱长细比 90 的要求。

另外，根据《钢标》第 8.3.1 条，当采用二阶弹性方法计算内力时，结构框架柱计算长度系数可采用 1.0。设计时，拟采用《钢标》5.5 节直接分析设计法对顶部框架柱进行复核验算。

计算软件采用 PKPM-V5，分析时，考虑二阶 $P\text{-}\Delta$ 和 $P\text{-}\delta$ 效应，按照《钢标》第 5.5.1 条、第 5.5.2 条、第 5.5.8 条和第 5.5.9 条，同时考虑结构整体初始几何缺陷和构件的缺陷。构件的缺陷采用《钢标》表 5.2.2 中的数值。通过直接分析设计法按照《钢标》第 5.5.7 条公式进行验算，对顶层钢柱内力进行控制。

计算结果显示：顶层钢柱的轴压比很小，大部分在 0.02～0.08 之间分布，均小于 0.10。钢柱最大应力比为 0.42，满足受力要求。故钢柱的稳定及强度是能够满足正常使用和承载力极限状态的要求。

3.8.3　B 楼主要计算结果

3.8.3.1　B 楼主要计算指标

B 楼 YJK 和 PMSAP 主要计算结果对比见表 3.8-9。

B 楼 YJK 和 PMSAP 主要计算结果对比　　　　表 3.8-9

计算软件		YJK		PMSAP	
计算振型数		30		30	
前 3 阶自振周期/s	第一平动周期（T_1）	1.678（扭转占 41%）	X 向平动	1.661	X 向平动
	第二平动周期（T_2）	1.381（扭转占 0%）	Y 向平动	1.374	Y 向平动
	第一扭转周期（T_t）	1.074（扭转占 53%）	扭转	1.066	扭转

计算软件	YJK	PMSAP
T_t/T_1	0.640	0.642
结构总质量（含地下室）/t（包括恒荷载、活荷载产生的质量）	92290	92240

3.8.3.2 B 楼整体结构振型

根据 YJK 和 PMSAP 的分析，结构两个水平 X、Y 方向及竖向地震的振型质量参与系数均大于 90%，满足规范要求。

3.8.3.3 B 楼剪重比

表 3.8-10 为在多遇地震作用下，YJK 和 PMSAP 两种软件计算所得结构各楼层对应于地震作用标准值的剪重比对比。根据《抗规》第 5.2.5 条及《高钢规》第 5.4.5 条的规定，在多遇水平地震作用下，基本周期小于 3.5s 的结构，各楼层对应于水平地震作用标准值的剪力系数 λ 应为 0.032，由表 3.8-10 计算数据可知，两种软件计算所得的剪重比结果均满足规范限值。

结构楼层剪重比 表 3.8-10

	楼层剪重比	X	Y		楼层剪重比	X	Y
YJK	1	4.24%	4.50%	PMSAP	1	4.69%	5.29%
	2	4.79%	5.07%		2	5.17%	5.93%
	3	5.53%	5.72%		3	6.08%	6.94%
	4	6.13%	6.15%		4	7.15%	7.70%
	5	6.48%	6.38%		5	7.08%	7.55%
	6	6.94%	6.79%		6	6.71%	6.61%

3.8.3.4 B 楼结构层间位移角

多遇地震作用下，X、Y 向地震作用下结构两个方向的楼层层间最大位移角为 1/346 和 1/421，均小于 1/250，满足规范要求。B 楼顶层钢柱位移角见表 3.8-11，B 楼钢柱编号见图 3.8-5。

B 楼顶层钢柱位移角统计 表 3.8-11

钢柱编号	H/mm	X向地震位移差/mm	X向地震位移角	Y向地震位移差/mm	Y向地震位移角
1	4423	5.7	1/776	3.8	1/1164
2	16358	21.1	1/775	15.1	1/1083
3	17635	21.6	1/816	15.4	1/1145
4	19051	21.8	1/874	15.5	1/1229
5	20089	22.0	1/913	15.7	1/1280
6	20871	22.5	1/928	15.6	1/1338

钢柱编号	H/mm	X向地震位移差/mm	X向地震位移角	Y向地震位移差/mm	Y向地震位移角
7	11007	11.7	1/941	8.3	1/1326
8	12097	14.8	1/817	10.9	1/1110
9	13340	18.8	1/710	14.4	1/926
10	14736	20.4	1/722	16.2	1/910
11	27085	38.3	1/707	28.7	1/944
12	28786	41.6	1/692	30.5	1/944
13	25239	35.3	1/715	27.0	1/935
14	11343	13.5	1/840	10.2	1/1112
15	10897	10.7	1/1018	8.4	1/1297
16	13102	12.9	1/1016	10.5	1/1248
17	13155	17.2	1/765	14.8	1/889
18	15755	24.3	1/648	19.8	1/796
19	18503	32.2	1/575	26.1	1/709
20	21394	34.3	1/624	27.2	1/787

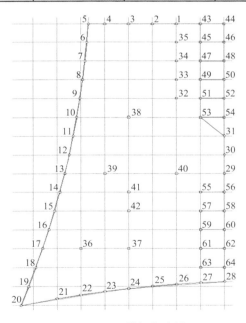

图 3.8-5　B 楼钢柱编号

3.8.3.5　B 楼最大扭转位移比

在考虑偶然偏心影响的规定水平地震作用下，（不计入网架部分）楼层竖向构件最大水平位移和楼层平均位移的比值（扭转位移比）为 1.38，小于 1.40 但大于 1.2，属于一般的扭转不规则项。

3.8.3.6 B楼楼层侧向刚度比及受剪承载力比

侧向刚度比：按照《高钢规》第3.3.10条，对框架结构，楼层与其相邻上层的侧向刚度比应按照式（3.3.10-1）计算。计算结果（表3.8-12）表明：本结构楼层与其相邻上层的侧向刚度比值均大于0.7，与其相邻上部三层刚度平均值的比值大于0.80，满足规范要求。

结构楼层侧向刚度比计算结果   表 3.8-12

层号	X向		Y向		软弱层
	本层与上层侧移刚度比	地震剪力放大系数	本层与上层侧移刚度比	地震剪力放大系数	
1	2.6311	1.00	2.5272	1.00	否
2	1.5986	1.00	1.5749	1.00	否
3	1.2850	1.00	1.3758	1.00	否
4	1.1748	1.00	1.5614	1.00	否
5	1.5612	1.00	1.7681	1.00	否

受剪承载力之比：按照《高钢规》第3.3.2条规定，楼层抗侧力结构的层间受剪承载力不宜小于其相邻上一层受剪承载力的80%，不应小于其相邻上一层受剪承载力的65%。计算结果（表3.8-13）表明：结构楼层层间受剪承载力与其相邻上层承载力之比大于0.8，满足规范要求。

楼层受剪承载力之比计算结果   表 3.8-13

层号	X向		Y向		薄弱层
	本层与上层受剪承载力比	地震剪力放大系数	本层与上层受剪承载力比	地震剪力放大系数	
1	1.04	1.00	1.04	1.00	否
2	1.77	1.00	1.77	1.00	否
3	1.18	1.00	1.18	1.00	否
4	1.13	1.00	1.13	1.00	否

3.8.3.7 B楼弹性时程分析补充计算

1）输入地震时程

根据《高钢规》第5.3.3条要求，在波形的数量上，采用5组自然波和2组人工时程波，每组时程波包含两个方向的分量。在波形的选择上，除符合有效峰值、持续时间等方面的要求外，还要满足基底剪力及高阶振型方面的有关要求。对于有效峰值，多遇地震弹性时程分析，本工程处于8度地震区，设计基本地震加速度为0.20g，峰值为70cm/s²。对于持续时间，根据《高规》，不宜小于建筑结构基本自振周期的5倍和15s的要求，针对本工程基本周期，选用35s的有效时程长度。图3.8-6为以上7组地震波与规范反应谱的对比图。

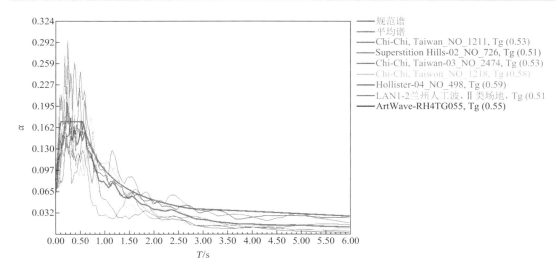

图 3.8-6　所选地震波与规范谱对比图

2）地震时程反应分析结果

弹性时程分析所得的基底剪力如表 3.8-14 所示，上述 7 组时程曲线 X 和 Y 方向地震作用下的基底剪力基本处于反应谱的 73%～104% 之间，且平均值为反应谱的 92%，满足规范要求。

小震时程分析与反应谱基底剪力对比　　　　　　　　　　表 3.8-14

编号	类别	X向	Y向
天然波 1	基底剪力/kN	17411	18309
	与反应谱比值	94%	94%
天然波 2	基底剪力/kN	18197	18217
	与反应谱比值	98%	94%
天然波 3	基底剪力/kN	18561	18317
	与反应谱比值	100%	94%
天然波 4	基底剪力/kN	17625	18647
	与反应谱比值	95%	96%
天然波 5	基底剪力/kN	19208	18666
	与反应谱比值	104%	96%
人工波 1	基底剪力/kN	13592	15149
	与反应谱比值	73%	78%
人工波 2	基底剪力/kN	17126	18270
	与反应谱比值	92%	94%
7 条波平均值	基底剪力/kN	17389	17940
	与反应谱比值	94%	92%
规范谱	基底剪力/kN	18452	19301

3）时程分析对反应谱分析法的内力调整

本工程设计中按规范要求，将 7 条动力时程波各层剪力的平均值与反应谱进行比较，将放大调整系数按 X 及 Y 分方向对反应谱分析结果进行调整。由计算结果（表 3.8-15、表 3.8-16）可知：结构动力时程分析计算平均值均小于反应谱输出的地震层剪力，故反应谱计算的地震结果可以不进行放大，所有楼层调整系数统一取 1.00（表中为计算模型层号）。

小震时程分析与反应谱基底剪力对比（X 向） 表 3.8-15

层号	时程法剪力/kN	反应谱法剪力/kN	比值	放大系数
9	6202	6412	0.97	1.00
8	8754	9049	0.97	1.00
7	9594	10118	0.95	1.00
6	11701	12129	0.97	1.00
5	13504	13955	0.97	1.00
4	15731	16530	0.95	1.00
3	17389	18451	0.94	1.00

小震时程分析与反应谱基底剪力对比（Y 向） 表 3.8-16

层号	时程法剪力/kN	反应谱法剪力/kN	比值	放大系数
9	6473	6684	0.97	1.00
8	8947	9290	0.96	1.00
7	9727	10301	0.94	1.00
6	11689	12315	0.95	1.00
5	13734	14371	0.96	1.00
4	16187	17283	0.94	1.00
3	17940	19300	0.93	1.00

4）时程分析与反应谱分析其他参数对比

弹性时程分析与振型分解反应谱法对应的各个楼层的最大楼层弯矩、最大楼层位移的对比结果如图 3.8-7、图 3.8-8 所示。

弹性时程分析总结：

（1）每条时程曲线计算所得的结构底部剪力均大于振型分解反应谱法计算结果的 65%，7 条时程曲线计算所得的结构底部剪力平均值大于振型分解反应谱法计算结果的 80%，因此选用的地震波满足规范的相关要求。

（2）时程分析法与振型分解反应谱法计算结果显示，二者计算的结构反应特征、变化规律基本一致，结果合理可信。

（3）时程分析得到的基底剪力平均值小于反应谱法计算得到的基底剪力值，因此按照反应谱法得到的结果进行设计是安全可靠的。

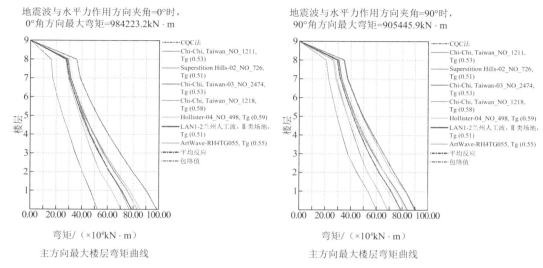

图 3.8-7　小震时程与反应谱 X、Y 方向楼层弯矩比较

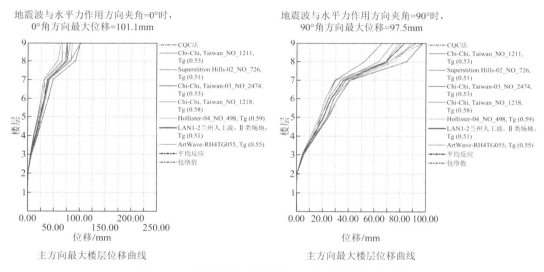

图 3.8-8　小震时程与反应谱 X、Y 方向楼层位移比较

3.8.3.8　B 楼框架柱计算长度系数

计算方法及相关参数同 A 楼，柱子屈曲分析时钢框架柱的编号见图 3.8-5。表 3.8-17 为顶层钢框架柱计算长度系数及长细比的计算结果。

计算结果表明：大部分框架柱长细比满足二级框架柱长细比 70 的限值要求，个别框架柱长细比大于 70，但满足三级框架柱长细比 90 的要求。

对于有钢梁（跨度较小）双向刚接约束的顶部框架钢柱，整体屈曲模态中变形很小，难以到达单个失稳，采用整体屈曲模态对应的临界荷载值与实际并不相符，所以此部分柱的计算长度系数我们拟采用反向加载单位节点荷载的屈曲分析方法反算临界荷载得出，由计算结果（表 3.8-17）可知：此部分柱子的计算长度系数（表格中括号内的数值）与 YJK 一阶计算长度系数差距也比较大，均小于一阶方法计算得到的计算长度系数。这部分柱的计算长度系数保守地取 YJK 的计算值。

B 楼顶层钢柱计算长度系数及长细比计算结果　　　　表 3.8-17

钢柱编号	YJK 钢柱计算长度系数	N_{cr}/kN	L/mm	EI	$\phi(X)$	λ
1	4	97950	4423	5.108E + 15	5.13	43.13
2	2.8	117550	16358	5.108E + 15	1.27	39.37
3	2.54	121150	17635	5.108E + 15	1.16	38.78
4	2.54	106050	19051	5.108E + 15	1.14	41.45
5	1.76	140850	20089	5.108E + 15	0.94	35.97
6	2.44	96500	20871	5.108E + 15	1.10	43.45
7	3.10	99050	11007	5.108E + 15	2.05	42.89
8	3.02	98500	12097	5.108E + 15	1.87	43.01
9	3.02	97000	13340	5.108E + 15	1.71	43.34
10	2.81	103500	14736	5.108E + 15	1.50	41.96
11	2.20	118500	27085	5.108E + 15	0.76	39.21
12	1.61	115500	28786	5.108E + 15	0.73	39.72
13	1.86	114000	25239	5.108E + 15	0.83	39.98
14	2.09	102000	11343	5.108E + 15	1.96	42.26
15	2.13	104000	10897	5.108E + 15	2.02	41.86
43	2.92	98000	3435	3.36E + 15	5.56（1.31）	58.7（13.9）
44	3.15	105500	2600	3.36E + 15	6.82（1.80）	56.65（15.0）
45	3.30	17500	4084	3.36E + 15	10.91（1.15）	139.10（14.7）
46	3.14	48000	3231	3.36E + 15	8.15（1.46）	83.99（15.1）
47	2.70	21500	4877	3.36E + 15	9.85（1.26）	125.49（16.1）
48	2.47	52500	4001	3.36E + 15	4.45（1.03）	80.31（18.5）

考虑二阶 $P\text{-}\Delta$ 和 $P\text{-}\delta$ 效应，按照《钢标》第 5.5.1 条、第 5.5.2 条、第 5.5.8 条和第 5.5.9 条，同时考虑结构整体初始几何缺陷和构件的缺陷。构件的缺陷采用《钢标》表 5.2.2 中的数值。通过直接分析设计法按照《钢标》第 5.5.7 条公式进行验算，对顶层钢柱内力进行控制，控制最终应力比不大于 0.90。

计算完成后，顶层钢柱的轴压比很小，大部分在 0.02～0.08 之间分布，均小于 0.10。直接查看钢柱的综合应力比，通过计算最大应力比为 0.62，满足受力要求。通过计算分析可以看出，钢柱承载力满足设计要求。

3.8.4　C 楼主要计算结果

3.8.4.1　C 楼主要计算指标

C 楼主要计算结果对比见表 3.8-18。

C 楼 YJK 和 PMSAP 主要计算结果对比　　　　　　表 3.8-18

计算软件			YJK		PMSAP	
计算振型数			60		60	
前 3 阶 自振周期/s	第一平动周期（T_1）		1.202（扭转占 27%）	Y 向平动	1.189	Y 向平动
	第二平动周期（T_2）		1.041（扭转占 3%）	X 向平动	1.018	X 向平动
	第一扭转周期（T_t）		0.868（扭转占 52%）	扭转	0.850	扭转
T_t/T_1			0.72		0.71	
结构总质量（含地下室）/t （包括恒荷载、活荷载产生的质量）			126373		126149	

3.8.4.2　C 楼整体结构振型

根据 YJK 和 PMSAP 的分析，结构两个水平 X、Y 方向及竖向地震的振型质量参与系数均大于 90%，满足规范要求。

3.8.4.3　C 楼剪重比

表 3.8-19 为在多遇地震作用下，YJK 和 PMSAP 两种软件计算所得结构各楼层对应于地震作用标准值的剪重比对比。根据《抗规》第 5.2.5 条及《高钢规》第 5.4.5 条的规定，多遇水平地震作用下，基本周期小于 3.5s 的结构，各楼层对应于水平地震作用标准值的剪力系数 λ 应为 0.032，由表 3.8-19 计算数据可知，剪重比计算结果均满足规范限值。

结构楼层剪重比　　　　　　表 3.8-19

	楼层剪重比	X	Y		楼层剪重比	X	Y
YJK	3	10.31%	7.34%	PMSAP	3	11.40%	9.74%
	2	8.95%	6.30%		2	13.25%	9.45%
	1	6.64%	5.00%		1	8.20%	6.30%

3.8.4.4　C 楼结构层间位移角

多遇地震作用下，X、Y 向地震作用下结构两个方向的楼层层间最大位移角为 1/284 和 1/391，均小于 1/250，满足规范要求。C 楼结构网架连接层层间位移角见表 3.8-20，C 楼钢柱编号见图 3.8-9。

C 楼结构网架连接层层间位移角　　　　　　表 3.8-20

钢柱编号	H/mm	X 向地震 位移差/mm	X 向地震位移角	Y 向地震 位移差/mm	Y 向地震位移角
1	18455	20.93	1/882	33.53	1/550
2	9616	8.15	1/1180	21.51	1/447
3	8393	7.98	1/1052	18.08	1/464
4	7317	7.79	1/939	11.75	1/623
5	6391	7.68	1/832	6.90	1/926

续表

钢柱编号	H/mm	X向地震位移差/mm	X向地震位移角	Y向地震位移差/mm	Y向地震位移角
6	12221	12.48	1/979	9.36	1/1306
7	12314	12.85	1/958	9.37	1/1314
8	6470	14.11	1/459	6.86	1/943
9	11860	8.78	1/1351	25.02	1/474
10	12025	10.25	1/1173	25.03	1/480
11	9785	10.05	1/974	21.34	1/459
12	8617	9.72	1/887	19.41	1/444
13	7588	9.38	1/809	12.71	1/597
14	18954	24.30	1/780	29.84	1/635
15	10090	16.78	1/601	19.54	1/516
16	19447	25.80	1/754	30.30	1/642
17	10543	18.23	1/578	20.36	1/518
18	20106	27.19	1/739	31.12	1/646
19	11147	19.51	1/571	21.90	1/509
20	20932	28.66	1/730	32.30	1/648

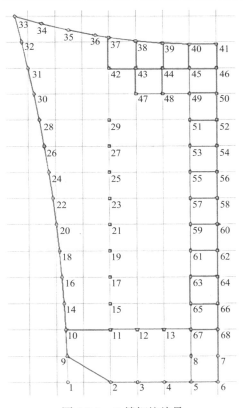

图 3.8-9　C 楼钢柱编号

3.8.4.5　C 楼最大扭转位移比

统计 YJK 在考虑偶然偏心影响的规定水平地震作用下,楼层竖向构件最大水平位移和楼层平均位移的比值(扭转位移比)为 1.33,小于 1.40 但大于 1.2,属于一般的扭转不规则项。

3.8.4.6　C 楼楼层侧向刚度比及受剪承载力比

侧向刚度比:按照《高钢规》第 3.3.10 条,对于框架结构,楼层与其相邻上层的侧向刚度比应按照式(3.3.10-1)计算。计算结果(表 3.8-21)表明:本结构楼层与其相邻上层的侧向刚度比值均大于 0.7,与其相邻上部三层刚度平均值的比值大于 0.80,满足规范要求。

结构楼层侧向刚度比计算结果

表 3.8-21

层号	X向		Y向		软弱层
	本层与上层侧移刚度比	地震剪力放大系数	本层与上层侧移刚度比	地震剪力放大系数	
1	2.3168	1.00	2.7328	1.00	否
2	1.2404	1.00	2.0011	1.00	否
3	1.0000	1.00	1.0000	1.00	否

受剪承载力之比:按照《高钢规》第 3.3.2 条规定,楼层抗侧力结构的层间受剪承载力不宜小于其相邻上一层受剪承载力的 80%,不应小于其相邻上一层受剪承载力的 65%。计算结果(表 3.8-22)表明:结构楼层层间受剪承载力与其相邻上层承载力之比满足规范要求。

楼层受剪承载力之比计算结果

表 3.8-22

层号	X向		Y向		薄弱层
	本层与上层受剪承载力比	地震剪力放大系数	本层与上层受剪承载力比	地震剪力放大系数	
1	1.53	1.00	1.49	1.00	否
2	0.89	1.00	0.92	1.00	否
3	1.00	1.00	1.00	1.00	否

3.8.4.7　C 楼弹性时程分析补充计算

1)输入地震时程

根据《高钢规》第 5.3.3 条要求,在波形的数量上,采用 5 组自然波和 2 组人工时程波,每组时程波包含两个方向的分量。在波形的选择上,除符合有效峰值、持续时间等方面的要求外,还要满足基底剪力及高阶振型方面的有关要求。对于有效峰值,多遇地震弹性时程分析,本工程处于 8 度地震区,设计基本地震加速度为 0.20g,峰值为 70cm/s² 。对于持续时间,根据《高规》,不宜小于建筑结构基本自振周期的 5 倍和 15s 的要求,针对本工程基本周期,选用 35s 的有效时程长度。图 3.8-10 为以上 7 组地震波与规范反应谱的对比图。

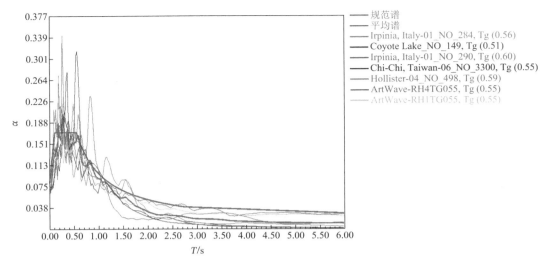

图 3.8-10　所选地震波与规范谱对比图

2）地震时程反应分析结果

弹性时程分析所得的基底剪力如表 3.8-23 所示，上述 7 组时程曲线X和Y方向地震作用下的基底剪力基本处于反应谱的 80%～120% 之间，且平均值为反应谱的 91%，满足规范和超限审查的各项要求。

小震时程分析与反应谱基底剪力对比　　　　　　　　　　　　　表 3.8-23

编号	类别	X向	Y向
天然波 1	基底剪力/kN	12001	8966
	与反应谱比值	89%	87%
天然波 2	基底剪力/kN	11976	8975
	与反应谱比值	89%	87%
天然波 3	基底剪力/kN	11835	9960
	与反应谱比值	88%	97%
天然波 4	基底剪力/kN	13073	9138
	与反应谱比值	97%	89%
天然波 5	基底剪力/kN	13328	9933
	与反应谱比值	99%	97%
人工波 1	基底剪力/kN	11570	8751
	与反应谱比值	86%	85%
人工波 2	基底剪力/kN	11628	9491
	与反应谱比值	86%	92%
七条波平均值	基底剪力/kN	12202	9316
	与反应谱比值	90%	91%
规范谱	基底剪力/kN	13434	10208

3）时程分析对反应谱分析法的内力调整

本工程设计中按规范要求，将 7 条动力时程波各层剪力的平均值与反应谱进行比较，将放大调整系数按 X 及 Y 分方向对反应谱分析结果进行调整。由计算结果（表 3.8-24、表 3.8-25）可知：结构动力时程分析计算平均值略大于反应谱输出的地震层剪力，故对反应谱计算的地震结果进行放大，实际设计中所有楼层调整系数统一取 1.024。

小震时程分析与反应谱基底剪力对比（X 向）　　　　　表 3.8-24

层号	时程法剪力/kN	反应谱法剪力/kN	比值	放大系数
6	6004	6548	0.917	1.00
5	8310	9161	0.907	1.00
4	10435	11234	0.929	1.00
3	12202	13434	0.908	1.00

小震时程分析与反应谱基底剪力对比（Y 向）　　　　　表 3.8-25

层号	时程法剪力/kN	反应谱法剪力/kN	比值	放大系数
6	4942	4824	1.024	1.024
5	6469	6617	0.978	1.00
4	7531	8018	0.939	1.00
3	9316	10208	0.913	1.00

4）时程分析与反应谱分析其他参数对比

弹性时程分析与振型分解反应谱法对应的各个楼层的最大楼层弯矩，最大楼层位移的对比结果如图 3.8-11、图 3.8-12 所示。

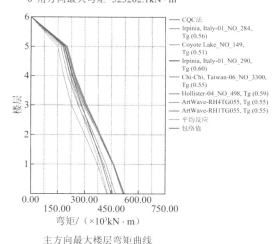

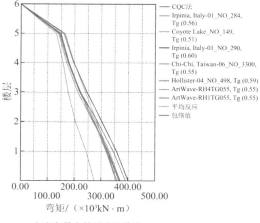

图 3.8-11　小震时程与反应谱 X、Y 方向楼层弯矩比较

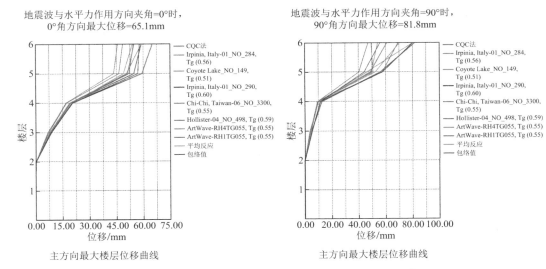

地震波与水平力作用方向夹角=0°时，0°角方向最大位移=65.1mm

地震波与水平力作用方向夹角=90°时，90°角方向最大位移=81.8mm

主方向最大楼层位移曲线　　　　　主方向最大楼层位移曲线

图 3.8-12　小震时程与反应谱 X、Y 方向楼层位移比较

弹性时程分析总结：

（1）每条时程曲线计算所得的结构底部剪力均大于振型分解反应谱法计算结果的 65%，7 条时程曲线计算所得的结构底部剪力平均值大于振型分解反应谱法计算结果的 80%，因此选用的地震波满足规范的相关要求。

（2）时程分析法与振型分解反应谱法计算结果显示，二者计算的结构反应特征、变化规律基本一致，结果合理可信。

（3）时程分析得到的基底剪力平均值略大于反应谱计算得到的基底剪力值，因此设计中将反应谱法得到的结果进行相应的放大。

3.8.4.8　D 楼钢柱计算长度系数

计算方法及相关参数同 A 楼，柱子屈曲分析时钢框架柱的编号见图 3.8-9。表 3.8-26 为顶层钢框架柱计算长度系数及长细比的计算结果。

对于有钢梁（跨度较小）双向刚接约束的顶部框架钢柱，整体屈曲模态中变形很小，难以到达单个失稳，采用整体屈曲模态对应的临界荷载值与实际并不相符，所以此部分柱的计算长度系数我们拟采用反向加载单位节点荷载的屈曲分析方法反算临界荷载得出，由计算结果（表 3.8-26）可知：此部分柱子的计算长度系数（表格中括号内的数值）与 YJK 一阶计算长度系数差距较大，均小于一阶方法计算得到的计算长度系数，保守地取 YJK 的计算值。

C 楼顶层钢柱计算长度系数及长细比计算结果　　　　　表 3.8-26

钢柱编号	YJK 钢柱计算长度系数	N_{cr}/kN	H/mm	EI	ϕ	λ
1	2.93	132261	18455	5.11E + 15	1.06	37.09
2	2.36	137256	9616	5.11E + 15	1.99	36.41
3	5.77	114542	8393	5.11E + 15	2.50	39.85
4	5.85	111900	7317	5.11E + 15	2.90	40.32
5	2.18	97596	6391	2.42E + 15	2.45	50.26

续表

钢柱编号	YJK 钢柱计算长度系数	N_{cr}/kN	H/mm	EI	ϕ	λ
6	2.58	110269	12221	4.13E + 15	1.57	30.13
7	2.03	47219	12314	5.11E + 15	2.65	62.07
8	6	31321	6470	2.42E + 15	4.26	88.71
9	2.1	95666	11860	5.11E + 15	1.93	43.61
10	2.14	90795	12025	5.11E + 15	1.96	44.76
11	3.84	56533	9785	3.36E + 15	2.47	79.87
12	3.9	58907	8617	3.36E + 15	2.75	78.24
13	3.94	54366	7588	3.36E + 15	3.25	81.44
14	4	77720	18954	5.11E + 15	1.34	48.38
15	3.68	47740	10090	2.42E + 15	2.21	71.86
37	3.79	56941	15547	4.00E + 15	1.70（**0.55**）	60.08（**39.37**）
38	3.68	71760	14272	4.00E + 15	1.65（**0.59**）	53.52（**38.99**）
39	2.22	81043	13124	4.00E + 15	1.69（**0.71**）	50.36（**21.17**）
40	4.32	67519	12098	4.00E + 15	2.00（**0.59**）	55.17（**16.33**）

　　设计时，拟采用《钢标》5.5 节直接分析设计法来进行复核验算。计算软件采用 PKPM-V5，分析时，考虑二阶 P-Δ 和 P-δ 效应，按照《钢标》第 5.5.1 条、第 5.5.2 条、第 5.5.8 条和第 5.5.9 条，同时考虑结构整体初始几何缺陷和构件的缺陷。构件的缺陷采用《钢标》表 5.2.2 中的数值。通过直接分析设计法按照《钢标》第 5.5.7 条公式进行验算，对顶层钢柱内力进行控制，控制最终应力比不大于 0.90。

　　计算完成后，顶层钢柱的轴压比很小，大部分在 0.02～0.08 之间分布，均小于 0.10。直接查看钢柱的综合应力比，通过计算最大应力比为 0.42，满足受力要求。

3.8.5　D 楼主要计算结果

3.8.5.1　D 楼主要计算指标

　　D 楼 YJK 和 PMSAP 主要计算结果见表 3.8-27。

D 楼 YJK 和 PMSAP 主要计算结果对比　　　　　　　　　　表 3.8-27

计算软件		YJK		PMSAP	
计算振型数		60		60	
前 3 阶自振周期/s	第一平动周期（T_1）	1.012（扭转占 43%）	X 向平动	0.994	X 向平动
	第二平动周期（T_2）	0.728（扭转占 13%）	Y 向平动	0.798	Y 向平动
	第一扭转周期（T_t）	0.688（扭转占 51%）	扭转	0.703	扭转
T_t/T_1		0.680		0.71	
结构总质量（含地下室）/t（包括恒荷载、活荷载产生的质量）		120728		120577	

3.8.5.2　D楼整体结构振型

根据 YJK 和 PMSAP 的分析，结构两个水平 X、Y 方向及竖向地震的振型质量参与系数均大于 90%，满足规范要求。

3.8.5.3　D楼剪重比

表 3.8-28 为在多遇地震作用下，YJK 和 PMSAP 两种软件计算所得结构各楼层对应于地震作用标准值的剪重比对比。根据《抗规》第 5.2.5 条及《高钢规》第 5.4.5 条的规定，在多遇水平地震作用下，基本周期小于 3.5s 的结构，各楼层对应于水平地震作用标准值的剪力系数 λ 应为 0.032，由表 3.8-28 计算数据可知，剪重比计算结果均满足规范限值。

结构楼层剪重比　　　　　　　　　　　表 3.8-28

	楼层剪重比	X	Y		楼层剪重比	X	Y
YJK	3	10.90%	15.32%	PMSAP	3	11.96%	16.00%
	2	9.52%	13.92%		2	13.47%	17.30%
	1	7.25%	10.46%		1	7.86%	9.86%

3.8.5.4　D楼结构层间位移角

多遇地震作用下，X、Y 向地震作用下结构两个方向的楼层层间最大位移角为 1/436 和 1/431，均小于 1/250，满足规范要求。D 楼结构网架连接层层间位移角见表 3.8-29，D 楼钢柱编号见图 3.8-13。

D楼结构网架连接层层间位移角　　　　　　　　表 3.8-29

钢柱编号	H/mm	X向地震位移差/mm	X向地震位移角	Y向地震位移差/mm	Y向地震位移角
1	11139	15.87	1/702	14.95	1/745
2	10908	15.85	1/688	19.31	1/565
3	11002	15.83	1/695	18.02	1/611
4	11347	15.89	1/714	14.50	1/783
5	4771	9.31	1/512	7.63	1/625
6	11492	17.90	1/642	14.52	1/791
7	5131	10.14	1/506	8.01	1/641
8	11729	18.34	1/640	14.53	1/807
9	5251	7.63	1/688	12.19	1/431
10	5228	7.15	1/731	10.62	1/492
11	5457	8.32	1/656	8.21	1/665
12	5701	9.83	1/580	11.32	1/504
13	5876	10.06	1/584	8.24	1/713
14	6286	5.41	1/1162	3.81	1/1650

续表

钢柱编号	H/mm	X向地震位移差/mm	X向地震位移角	Y向地震位移差/mm	Y向地震位移角
15	6384	11.94	1/535	8.37	1/763
16	6982	11.18	1/625	9.68	1/721
17	6981	11.06	1/631	8.66	1/806
18	7792	12.45	1/626	11.37	1/685
19	7665	12.02	1/638	9.40	1/815
20	8718	13.70	1/636	12.55	1/695

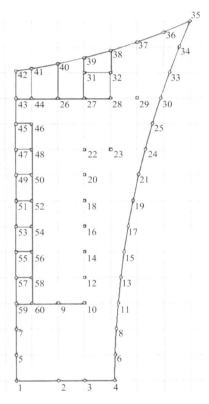

图 3.8-13　D 楼钢柱编号

3.8.5.5　D 楼最大扭转位移比

统计 YJK 在考虑偶然偏心影响的规定水平地震作用下，（不计入网架部分）楼层竖向构件最大水平位移和楼层平均位移的比值（扭转位移比）为 1.39，小于 1.40 但大于 1.2，属于一般的扭转不规则项。

3.8.5.6　D 楼楼层侧向刚度比及受剪承载力比

侧向刚度比： 按照《高钢规》第 3.3.10 条，对于框架结构，楼层与其相邻上层的侧向刚度比应按照式（3.3.10-1）计算。计算结果（表 3.8-30）表明：本结构楼层与其相邻上层的侧向刚度比值均大于 0.7，与其相邻上部三层刚度平均值的比值大于 0.80，满足规范要求。

结构楼层侧向刚度比计算结果　　　　表 3.8-30

层号	X向		Y向		软弱层
	本层与上层 侧移刚度比	地震剪力放大系数	本层与上层 侧移刚度比	地震剪力放大系数	
1	2.6565	1.00	1.8172	1.00	否
2	1.6130	1.00	1.3906	1.00	否
3	1.0000	1.00	1.0000	1.00	否

受剪承载力之比：按照《高钢规》第3.3.2条规定，楼层抗侧力结构的层间受剪承载力不宜小于其相邻上一层受剪承载力的80%，不应小于其相邻上一层受剪承载力的65%。计算结果（表3.8-31）表明：结构楼层层间受剪承载力与其相邻上层承载力之比满足规范要求。

楼层受剪承载力之比计算结果　　　　表 3.8-31

层号	X向		Y向		薄弱层
	本层与上层 受剪承载力比	地震剪力放大系数	本层与上层 受剪承载力比	地震剪力放大系数	
1	1.29	1.00	1.29	1.00	否
2	0.68	1.00	0.68	1.00	否
3	1.00	1.00	1.00	1.00	否

3.8.5.7　D楼弹性时程分析补充计算

1）输入地震时程

根据《高钢规》第5.3.3条要求，在波形的数量上，采用5组自然波和2组人工时程波，每组时程波包含两个方向的分量。在波形的选择上，除符合有效峰值、持续时间等方面的要求外，还要满足基底剪力及高阶振型方面的有关要求。对于有效峰值，多遇地震弹性时程分析，本工程处于8度地震区，设计基本地震加速度为0.20g，峰值为70cm/s^2。对于持续时间，根据《高规》，不宜小于建筑结构基本自振周期的5倍和15s的要求，针对本工程基本周期，选用35s的有效时程长度。图3.8-14为以上7组地震波与规范反应谱的对比图。

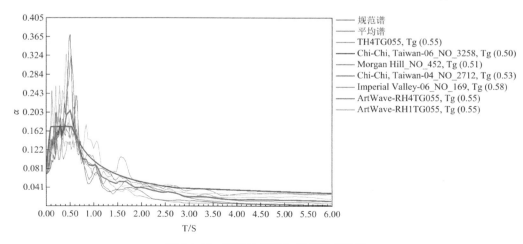

图 3.8-14　所选地震波与规范谱对比图

2）地震时程反应分析结果

弹性时程分析所得的基底剪力如表 3.8-32 所示，上述 7 组时程曲线 X 和 Y 方向地震作用下的基底剪力基本处于反应谱的 80%～120% 之间，且平均值为反应谱的 98%，满足规范和超限审查的各项要求。

小震时程分析与反应谱基底剪力对比　　　　表 3.8-32

编号	类别	X 向	Y 向
天然波 1	基底剪力/kN	11448	14229
	与反应谱比值	102%	91%
天然波 2	基底剪力/kN	10306	15543
	与反应谱比值	92%	99%
天然波 3	基底剪力/kN	11570	14364
	与反应谱比值	103%	92%
天然波 4	基底剪力/kN	11571	14503
	与反应谱比值	103%	93%
天然波 5	基底剪力/kN	10818	15263
	与反应谱比值	96%	98%
人工波 1	基底剪力/kN	10777	13536
	与反应谱比值	96%	87%
人工波 2	基底剪力/kN	10891	14170
	与反应谱比值	97%	91%
七条波平均值	基底剪力/kN	11054	14515
	与反应谱比值	98%	93%
规范谱	基底剪力/kN	11197	15547

3）时程分析对反应谱分析法的内力调整

本工程设计中按规范要求，将 7 条动力时程波各层剪力的平均值与反应谱进行比较，将放大调整系数按 X 及 Y 分方向对反应谱分析结果进行调整。由计算结果（表 3.8-33、表 3.8-34）可知：结构动力时程分析计算平均值略大于反应谱输出的地震层剪力，故对反应谱计算的地震结果进行放大，实际设计中所有楼层调整系数统一取 1.045。

小震时程分析与反应谱基底剪力对比（X 向）　　　　表 3.8-33

层号	时程法剪力/kN	反应谱法剪力/kN	比值	放大系数
6	6041	5783	1.045	1.045
5	7626	7350	1.038	1.038
4	8958	8865	1.011	1.011
3	11054	11197	0.987	1.000

小震时程分析与反应谱基底剪力对比（Y向）   表 3.8-34

层号	时程法剪力/kN	反应谱法剪力/kN	比值	放大系数
6	7709	7851	0.982	1.00
5	9725	9953	0.977	1.00
4	12042	12476	0.965	1.00
3	14515	15547	0.934	1.00

4）时程分析与反应谱分析其他参数对比

弹性时程分析与振型分解反应谱法对应的各个楼层的最大层弯矩，最大楼层位移的对比结果如图 3.8-15、图 3.8-16 所示。

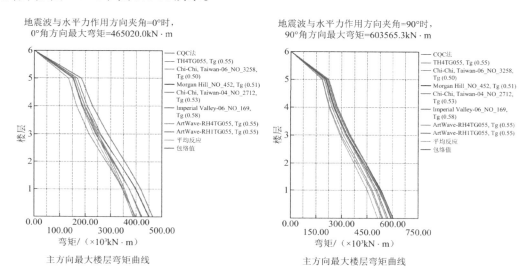

图 3.8-15　小震时程与反应谱X、Y方向楼层弯矩比较

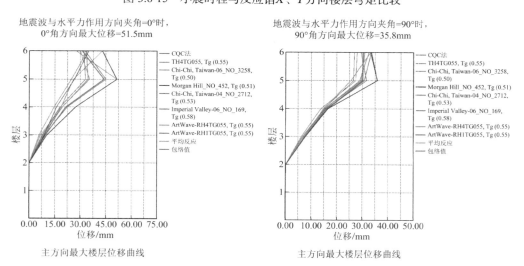

图 3.8-16　小震时程与反应谱X、Y方向楼层位移比较

弹性时程分析总结：

（1）每条时程曲线计算所得的结构底部剪力均大于振型分解反应谱法计算结果的65%，7 条时程曲线计算所得的结构底部剪力平均值大于振型分解反应谱法计算结果的80%，因此选用的地震波满足规范的相关要求。

（2）时程分析法与振型分解反应谱法计算结果显示，二者计算的结构反应特征、变化规律基本一致，结果合理可信。

（3）时程分析得到的基底剪力平均值略大于反应谱计算得到的基底剪力值，因此设计中将反应谱法得到的结果进行相应的放大。

3.8.5.8　钢柱计算长度系数

计算方法及相关参数同 A 楼，柱子屈曲分析时钢框架柱的编号见图 3.8-13。表 3.8-35 为顶层钢框架柱计算长度系数及长细比的计算结果。

对于有钢梁（跨度较小）双向刚接约束的顶部框架钢柱，整体屈曲模态中变形很小，难以到达单个失稳，采用整体屈曲模态对应的临界荷载值与实际并不相符，所以此部分柱的计算长度系数我们拟采用反向加载单位节点荷载的屈曲分析方法反算临界荷载得出，由计算结果（表 3.8-35）可知：此部分柱子的计算长度系数（表格中括号内的数值）与 YJK 一阶计算长度系数差距较大，均小于一阶方法计算得到的计算长度系数，保守地取 YJK 的计算值。

D 楼顶层钢柱计算长度系数及长细比统计结果　　　　表 3.8-35

钢柱编号	YJK 钢柱计算长度系数	N_{cr}/kN	H/mm	EI	ϕ	λ
1	2.22	130905	11139	5.11E + 15	1.76	37.28
2	3.14	144013	10908	5.11E + 15	1.71	35.54
3	3.14	119983	11002	5.11E + 15	1.86	38.94
4	1.39	128283	11347	5.11E + 15	1.75	37.66
5	4.16	95827	4771	5.11E + 15	4.80	43.57
6	2.84	112300	11492	4.13E + 15	1.66	29.85
7	2.55	79276	5131	2.87E + 15	3.68	55.53
8	2.35	114515	11729	4.13E + 15	1.61	29.56
9	3.4	77503	5251	4.87E + 15	4.74	63.49
10	2.78	69588	5228	4.87E + 15	5.02	67.00
11	2.4	81155	5457	2.87E + 15	3.42	54.89
12	3.13	40111	5701	2.42E + 15	4.28	78.39
13	2.64	81225	5876	2.87E + 15	3.17	54.86
14	3.56	54811	6286	2.42E + 15	3.32	67.06

续表

钢柱编号	YJK 钢柱计算长度系数	N_{cr}/kN	H/mm	EI	ϕ	λ
15	2.72	84379	6384	2.87E + 15	2.87	53.83
43	5.65	44892	7831	2.42E + 15	2.94（**0.91**）	74.10（**22.89**）
44	6	21009	7405	2.42E + 15	4.55（**1.27**）	108.32（**30.26**）
45	1.77	69960	6432	2.42E + 15	2.87（**1.12**）	59.36（**23.25**）

另外，设计时，拟采用《钢标》5.5 节直接分析设计法来进行复核验算。计算软件采用 PKPM-V5，分析时，考虑二阶 P-Δ 和 P-δ 效应，按照《钢标》第 5.5.1 条、第 5.5.2 条、第 5.5.8 条和第 5.5.9 条，同时考虑结构整体初始几何缺陷和构件的缺陷。构件的缺陷采用《钢标》表 5.2.2 中的数值。通过直接分析设计法按照《钢标》第 5.5.7 条公式进行验算，对顶层钢柱内力进行控制，控制最终应力比不大于 0.90。

计算完成后，顶层钢柱的轴压比很小，大部分在 0.02～0.08 之间分布，均小于 0.10。直接查看钢柱的综合应力比，通过计算最大应力比为 0.44，满足受力要求。

3.9　设防烈度地震和罕遇地震下结构构件验算

3.9.1　计算参数

按照 3.7.3 节设定的性能目标要求，针对跃层柱及顶层钢柱等关键构件进行大震不屈服验算等。计算采用 YJK 软件，计算参数见表 3.9-1。

中震和大震计算参数　　　　　　　　　　　　　　　　表 3.9-1

计算参数	中震弹性	大震不屈服
作用分项系数	同小震弹性	1.0
材料分项系数	同小震弹性	1.0
抗震承载力调整系数	同小震弹性	1.0
材料强度	采用设计值	采用标准值
活荷载最不利布置	不考虑	不考虑
风荷载计算	不考虑	不考虑
周期折减系数	1	1
地震作用影响系数	0.45	0.9
阻尼比	0.04	0.05
特征周期/s	0.55	0.60
构件内力调整	不调整	不调整

计算参数	中震弹性	大震不屈服
双向地震作用	考虑	考虑
偶然偏心	不考虑	不考虑
中梁刚度放大系数	按《高钢规》取值	1.0
计算方法	等效弹性计算	等效弹性计算

3.9.2　关键构件验算

根据结构的重要性程度及破坏后的影响，需要对关键构件进行加强处理。本工程中关键构件主要包括跃层柱及顶部长细比超限的钢柱。

按照设定的性能目标要求，顶层钢柱或通高钢柱，需要满足中震弹性、大震不屈服的设计要求。经过计算及调整，最终各顶层钢柱及跃层柱均满足中震弹性、大震不屈服的设计要求。

1）中震弹性验算结果

按照设定的性能目标要求（中震弹性），经过计算，大部分顶层柱最大应力比均不大于0.75。各柱大震下均处于弹性阶段，均能满足中震弹性的设计要求。

2）大震不屈服验算结果

按照设定的性能目标要求，经过计算，大部分顶层柱最大应力比均不大于 0.97，个别柱子应力比超过 1.0，但不大于 1.08。各柱大震下均未屈服，均能满足大震不屈服的设计要求。

3.10　屋盖

3.10.1　屋盖选型及布置

本工程的屋盖为双向球曲面造型，由于建筑效果要求结构与造型高度统一，故结构设计时，屋盖整体采用双层曲面网架结构。西侧图书馆与北侧美术馆顶盖通过设置变形缝分割开来，成为两部分各自独立的空间屋盖单元，整个屋面分为四个独立的空间单元，分别是图书馆东侧屋盖（A 网架）、图书馆西侧屋盖（B 网架）、美术馆屋盖（C 网架）和交易中心屋盖（D 网架）。屋盖网架整件平面布置图及轴测图如图 3.10-1、图 3.10-2 所示。

钢结构屋盖采用正交正放的双层网架，平面尺寸为 192m × 325m，四个网架单元的角部均存在大悬挑，悬挑长度为 21～27m，网架最高点标高为 59m。网架支座内部最大跨度为 40m。屋盖网架均采用下弦支承，支座采用铰接连接，均支承于顶层钢管混凝土框架柱顶部。网架其余三边悬挑长度约为 8m。网架矢高为 2.2m，网格尺寸为 3m × 3m，最大悬挑端部矢高加高至 2.5m。网架节点连接以焊接球为主，局部悬挑部分采用相贯焊连接。为增强屋盖网架的整体刚度，在悬挑端周圈、中间横向三分点位置、支座位置，上下弦设置水平加强支撑。网架最大球径 600mm × 28mm，最大杆件为 273mm × 16mm 的圆管，最小杆件为 60mm × 3.5mm 的圆管，钢材强度等级为 Q355B。屋盖角部为管桁架，考虑构件疲劳破坏，角部悬挑端钢材采用 Q355C。

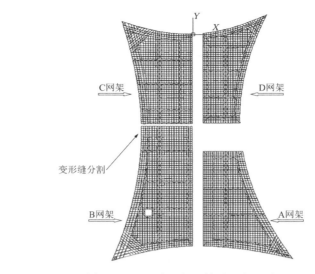

图 3.10-1　屋盖网架整体平面布置图

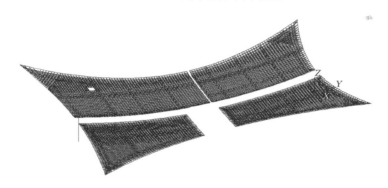

图 3.10-2　屋盖网架整体轴测图

3.10.2　屋盖结构计算

本工程采用空间分析软件 3D3S Design 2020 计算程序，在 AUTOCAD 2014 中建立了结构的三维模型，然后将此模型导入 3D3S Design 2020 中进行计算。双层网架上下弦及腹杆采用桁架受力单元。网架与下部框架柱连接支座采用等效的弹性连接进行模拟，考虑下部结构刚度对上部网架的影响，其中弹性约束的弹簧刚度按照《空间网格结构技术规程》JGJ 7—2010 附录 K 计算得出，计算时充分考虑下部结构的刚度将其支座设置为弹性支座，支座刚度根据悬臂柱的刚度进行相应等效得出。

考虑下部框架支承柱的刚度，水平等效刚度值在 1.12～37kN/mm 之间（与支承框架柱高度相关），竖向刚度值在 2500～4200kN/mm 之间。工程荷载取值严格按照《荷载规范》选取。结构分析中考虑了结构自重、屋面荷载、屋面活荷载、屋面雪荷载、风荷载、温度作用和地震作用等。由于钢屋盖跨度大、外形复杂、悬挑长度大，地震作用设计时采用反应谱分析方法，除水平地震外，同时还应考虑竖向地震作用。各网架计算简图如图 3.10-3～图 3.10-6 所示。

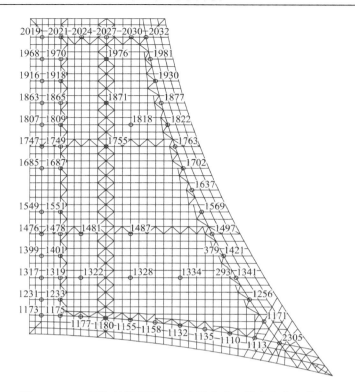

图 3.10-3　A 网架计算简图（圆表示支座，数字为节点号）

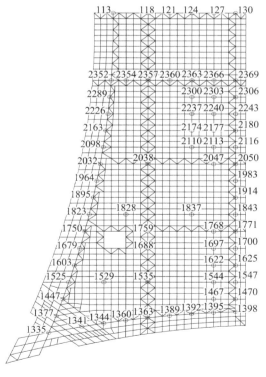

图 3.10-4　B 网架计算简图（圆表示支座，数字为节点号）

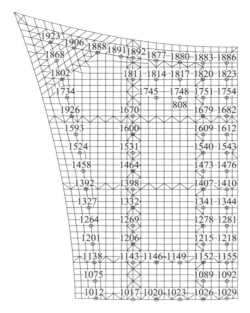

图 3.10-5　C 网架计算简图（圆表示支座，数字为节点号）

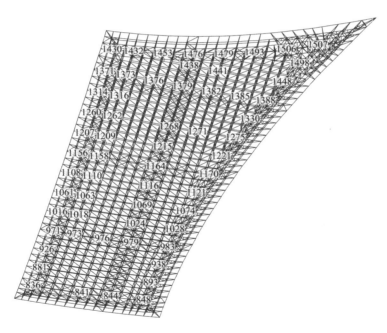

图 3.10-6　D 网架计算简图（圆表示支座，数字为节点号）

3.10.3　屋盖计算结果

3.10.3.1　动力特性分析

从单体网架模型的计算来看，在 40 阶振型之前，全部为构件的局部振动，大悬挑竖向振动、挑檐部分构件扭转等，在 40 阶振型之后才出现屋盖的整体平动，这与四周大悬挑、竖向刚度小的结构特点基本吻合。故网架设计中，应重视竖向地震作用，考虑以竖向地震作用为主的荷载组合进行构件的内力设计。

3.10.3.2　变形结果

四个网架结构，在标准组合（恒荷载 + 活荷载）作用下及风荷载作用下的竖向挠度见表 3.10-1。由表中数据可知，所有屋盖钢结构的挠跨比均小于 1/250（悬挑部分限值 1/125），均满足《空间网格结构技术规程》的要求。

标准组合、风荷载作用下竖向挠度计算结果　　　　　　　　表 3.10-1

区域位置	短向跨度（最大悬挑长度）/m	恒荷载 + 活荷载		风荷载	
		竖向挠度/mm	挠跨比	竖向挠度/mm	挠跨比
A 网架	40（23）	115（162）	1/345（142）	17.5（45）	1/2286（511）
B 网架	33（27）	58（102）	1/562（262）	9.3（47）	1/3548（575）
C 网架	33（24）	52（132）	1/640（181）	8.2（36）	14024（667）
D 网架	27（21）	49（133）	1/551（158）	5.1（20）	1/529（1050）

3.10.3.3　应力结果

屋盖钢结构承载力计算时，考虑非抗震以及多遇地震工况组合，共计 49 种基本荷载组合工况。设计中严格控制杆件强度及稳定应力比，大跨度跨中构件以及邻近支座杆件应力比控制在 0.75 以内，其余弦杆等重要杆件应力比控制在 0.80 以内，腹杆等次要杆件的应力比控制在 0.90 以内。图 3.10-7～图 3.10-10 为网架杆件应力比分布的统计结果，由图 7 可知，钢结构屋盖杆件的应力比均在控制范围内。对于钢结构屋盖而言，风荷载以及温度作用参与的荷载组合一般为控制组合。

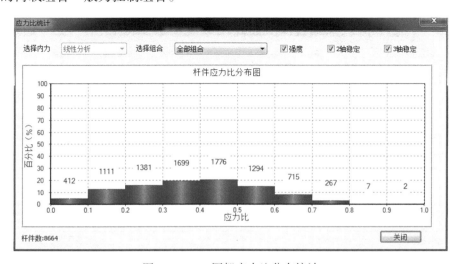

图 3.10-7　A 网架应力比分布统计

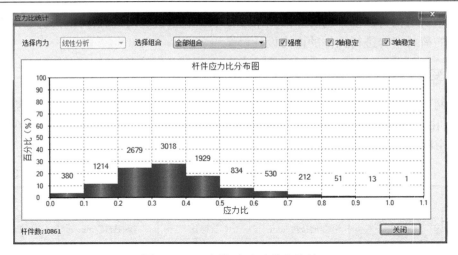

图 3.10-8　B 网架应力比分布统计

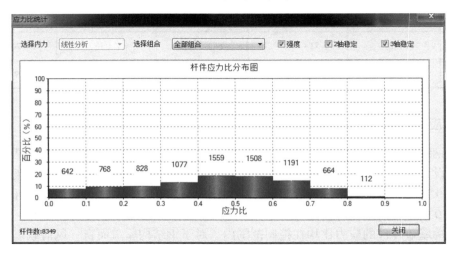

图 3.10-9　C 网架应力比分布统计

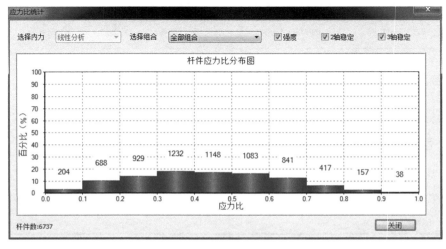

图 3.10-10　D 网架应力比分布统计

3.11　结构动力弹塑性时程分析

3.11.1　弹塑性分析目的及软件介绍

3.11.1.1　分析目的

罕遇地震作用下，结构将进入非线性，刚度变化引起内力重分布，这与弹性阶段内力分布表现出较大的差异。为保证大震作用下结构的安全，量化结构的非线性性能水平，有必要对结构进行大震弹塑性分析。本工程结构平面、竖向布置不规则，扭转效应明显，属于超限结构，因此通过大震弹塑性时程分析评估结构罕遇地震作用下的性能表现。结构进行弹塑性时程分析的主要目的如下：

（1）研究结构在大震情况下的弹塑性宏观表现，如刚度退化、能量耗散、内力重分布情况等。

（2）研究结构在大震情况下的楼层位移、层间位移角、楼层剪力等楼层性能指标。

（3）用量化指标研究结构构件的非线性开展情况，保证结构构件不发生严重损坏，确保结构关键部位的安全。

（4）综合以上指标，实现结构"大震不倒"或"大震不丧失使用功能"的设防目标。

3.11.1.2　分析软件介绍

目前常用的弹塑性分析方法从分析理论上分有静力弹塑性（PUSHOVER）和动力弹塑性两类，从数值积分方法上分有隐式积分和显式积分两类。本工程的弹塑性分析将采用基于显式积分的动力弹塑性分析方法，这种分析方法未作任何理论的简化，直接模拟结构在地震力作用下的非线性反应，具有如下优越性：

（1）完全的动力时程特性：直接将地震波输入结构进行弹塑性时程分析，可以较好地反映在不同相位差情况下构件的内力分布，尤其是楼板的反复拉压受力状态。

（2）几何非线性：结构的动力平衡方程建立在结构变形后的几何状态上，"P-Δ"效应、非线性屈曲效应等都被精确考虑。

（3）材料非线性：直接在材料应力-应变本构关系的水平上模拟。

（4）采用显式积分，可以准确模拟结构的破坏情况直至倒塌形态。

计算软件采用由广州建研数力建筑科技有限公司开发的新一代"GPU + CPU"高性能结构动力弹塑性计算软件 SAUSAGE（Seismic Analysis Usage），它运用一套新的计算方法，可以准确模拟梁、柱、支撑、剪力墙（混凝土剪力墙和带钢板剪力墙）和楼板等结构构件的非线性性能，使实际结构的大震分析具有计算效率高、模型精细、收敛性好的特点。SAUSAGE 软件经过大量的测试，可用于实际工程在罕遇地震下的性能评估，具有以下特点：

（1）未作理论上的简化，直接对结构虚功原理导出的动力微分方程求解，求解结果更加准确可靠。

（2）材料应力-应变层级的精细模型，一维构件采用非线性纤维梁单元，沿截面和长度方向分别积分。二维壳板单元采用非线性分层单元，沿平面内和厚度方向分别积分。特别是，楼板也按二维壳单元模拟。

（3）高性能求解器：采用 Pardiso 求解器进行竖向施工模拟分析，显式求解器进行大震动力弹塑性分析。

（4）动力弹塑性分析中的阻尼计算创造性地提出了"拟模态阻尼计算方法"，其合理性优于通常的瑞利阻尼形式。

3.11.1.3 非线性地震反应分析模型

1）材料模型

（1）钢材

钢材的动力硬化模型如图 3.11-1 所示，钢材的非线性材料模型采用双线性随动硬化模型，在循环过程中，无刚度退化，考虑了包辛格效应。钢材的强屈比设定为 1.2，极限应力所对应的极限塑性应变为 0.025。

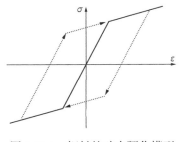

图 3.11-1　钢材的动力硬化模型

（2）混凝土材料

一维混凝土材料模型采用规范指定的单轴本构模型，能反映混凝土滞回、刚度退化和强度退化等特性，其轴心抗压和轴心抗拉强度标准值按《混凝土结构设计规范》表 4.1.3 采用。

混凝土单轴受拉的应力-应变曲线方程按规范附录 C 公式(C.2.3-1) ~ 公式(C.2.3-4)计算。

$$\sigma = (1 - d_{\mathrm{t}})E_{\mathrm{c}}\varepsilon \qquad (\mathrm{C}.2.3\text{-}1)$$

$$d_{\mathrm{t}} = \begin{cases} 1 - \rho_{\mathrm{t}}[1.2 - 0.2x^5] & x \leqslant 1 \\ 1 - \dfrac{\rho_{\mathrm{t}}}{\alpha_{\mathrm{t}}(x-1)^{1.7} + x} & x > 1 \end{cases} \qquad (\mathrm{C}.2.3\text{-}2)$$

$$x = \frac{\varepsilon}{\varepsilon_{\mathrm{t,r}}} \qquad (\mathrm{C}.2.3\text{-}3)$$

$$\rho_{\mathrm{t}} = \frac{f_{\mathrm{t,r}}}{E_{\mathrm{c}}\varepsilon_{\mathrm{t,r}}} \qquad (\mathrm{C}.2.3\text{-}4)$$

式中α_{t}、$\varepsilon_{\mathrm{t,r}}$为规范表 C.2.3 中参数。

混凝土单轴受压的应力-应变曲线方程按规范附录 C 公式(C.2.4-1) ~ 公式(C.2.4-5)计算。

$$\sigma = (1 - d_{\mathrm{c}})E_{\mathrm{c}}\varepsilon \qquad (\mathrm{C}.2.4\text{-}1)$$

$$d_{\mathrm{c}} = \begin{cases} 1 - \dfrac{\rho_{\mathrm{c}}n}{n - 1 + x^n} & x \leqslant 1 \\ 1 - \dfrac{\rho_{\mathrm{c}}}{\alpha_{\mathrm{c}}(x-1)^2 + x} & x > 1 \end{cases} \qquad (\mathrm{C}.2.4\text{-}2)$$

$$\rho_{\mathrm{c}} = \frac{f_{\mathrm{c,r}}}{(E_{\mathrm{c}}\varepsilon_{\mathrm{c,r}})} \qquad (\mathrm{C}.2.4\text{-}3)$$

$$n = \frac{E_{\mathrm{c}}\varepsilon_{\mathrm{c,r}}}{E_{\mathrm{c}}\varepsilon_{\mathrm{c,r}} - f_{\mathrm{c,r}}} \qquad (\mathrm{C}.2.4\text{-}4)$$

$$x = \frac{\varepsilon}{\varepsilon_{t,r}} \tag{C.2.4-5}$$

式中α_c、$\varepsilon_{c,r}$为规范表 C.2.4 中参数。

混凝土材料进入塑性状态伴随着刚度的降低。如应力-应变及损伤示意图（图 3.11-2、图 3.11-3）所示，其刚度损伤分别由受拉损伤参数d_t和受压损伤参数d_c来表达，d_t和d_c由混凝土材料进入塑性状态的程度决定。

二维混凝土本构模型采用弹塑性损伤模型，该模型能够考虑混凝土材料拉压强度差异、刚度及强度退化以及拉压循环裂缝闭合呈现的刚度恢复等性质。

当荷载从受拉变为受压时，混凝土材料的裂缝闭合，抗压刚度恢复至原有抗压刚度；当荷载从受压变为受拉时，混凝土的抗拉刚度不恢复，如图 3.11-4 所示。

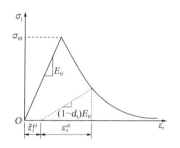

图 3.11-2　混凝土受拉应力-应变曲线　图 3.11-3　混凝土受压应力-应变曲线
　　　　　　及损伤示意图　　　　　　　　　　　　及损伤示意图

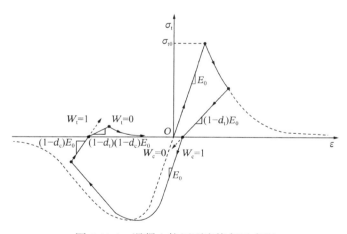

图 3.11-4　混凝土拉压刚度恢复示意图

2）杆件弹塑性模型

杆件非线性模型采用纤维束模型，如图 3.11-5 所示，主要用来模拟梁、柱、斜撑和桁架等构件。

纤维束可以是钢材或者混凝土材料，根据已知的k_1、k_2和ε_0，可以得到纤维束i的应变为：$\varepsilon_0 = k_1 \times h_i + \varepsilon_0 + k_2 \times v_i$，其截面弯矩$M$和轴力$N$为：

$$M = \sum_{i=1}^{n} A_i \times h_i \times f(\varepsilon_i)$$

$$N = \sum_{i=1}^{n} A_i \times f(\varepsilon_i)$$

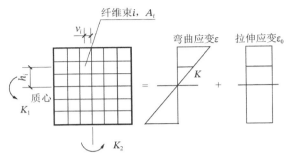

图 3.11-5　一维纤维束单元

其中 $f(\varepsilon_i)$ 为由前面描述的材料本构关系得到的纤维应力。

应该指出，进入塑性状态后，由于梁单元的轴力作用，轴向伸缩亦相当明显，不容忽略。所以，梁和柱均应考虑其弯矩和轴力的耦合效应。

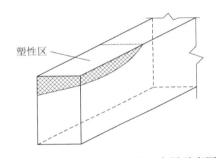

图 3.11-6　一维单元的塑性区发展示意图

由于采用了纤维塑性区模型而非集中塑性铰模型，杆件刚度由截面内和长度方向动态积分得到，其双向弯压和弯拉的滞回性能可由材料的滞回性来精确表现，如图 3.11-6 所示，同一截面的纤维逐渐进入塑性，而在长度方向亦是逐渐进入塑性。

除使用纤维塑性区模型外，一维杆件弹塑性单元还具有如下特点：

（1）Timoshenko 梁可剪切变形。

（2）为 C0 单元，转角和位移分别插值。

3）剪力墙和楼板非线性模型

剪力墙、楼板采用弹塑性分层壳单元，该单元具有如下特点：

（1）可采用弹塑性损伤模型本构关系（Plastic-damage）。

（2）可叠加 Rebar-layer 考虑多层分布钢筋的作用。

（3）适合模拟剪力墙和楼板在大震作用下进入非线性的状态。

4）整体分析模型

建筑结构有限元分析中为减少计算工作量，通常对楼板采用刚性楼板假定，其实质是通过节点耦合的方法，约束同层内各节点的 X、Y 相对距离不变。这一假定在小变形和弹性阶段是可以接受的。但在考虑大变形的弹塑性阶段，尤其是对超高层建筑，其顶点位移多在 1m 以上，结构上部楼板已出现了明显的倾角，此时同层内各节点若仍假定分析开始阶段的 X、Y 相对水平距离，将使节点偏离其应在位置，从而导致分析误差。

此外，在非线性过程中，楼板将发生开裂使其平面内刚度下降，对结构的各抗侧力构件刚度分配和剪力传递也将产生一定影响。因此，本工程的非线性分析中将不采用刚性楼板假定，对各层楼板均划分为壳单元进行分析。

5）阻尼模型

结构动力时程分析过程中，阻尼取值对结构动力反应的幅值有比较大的影响。在弹性分析中，通常采用振型阻尼ξ来表示阻尼比，而在弹塑性分析中，由于采用直接积分法方程求解，且结构刚度和振型均处于高度变化中，故并不能直接代入振型阻尼。通常的做法是采用瑞利阻尼模拟振型阻尼，瑞利阻尼分为质量阻尼α和刚度阻尼β两部分，其与振型阻尼的换算关系如下式：

$$[C] = \alpha[M] + \beta[K]$$

$$\xi = \frac{\alpha}{2\omega_1} + \frac{\beta\omega_1}{2} = \frac{\alpha}{2\omega_2} + \frac{\beta\omega_2}{2}$$

式中$[C]$为结构阻尼矩阵，$[M]$和$[K]$分别为结构质量矩阵和刚度矩阵，ω_1和ω_2分别为结构的第 1 和第 2 周期。

由图 3.11-7 可以看到，瑞利阻尼实际只能保证结构第 1、2 周期的阻尼比等于振型阻尼，其后各周期的阻尼比均高于振型阻尼，且周期越短，阻尼越大。因此，即使是弹性时程分析，采用恒定的瑞利阻尼也将导致动力响应偏小，尤其是高频部分，使结果偏于不安全。

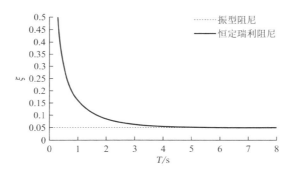

图 3.11-7　振型阻尼与恒定瑞利阻尼对应结构各周期阻尼比比较

在 SAUSAGE 中，考虑α阻尼对结构阻尼考虑不足，提供了另一种阻尼体系——拟模态阻尼体系，其合理性优于通常的瑞利阻尼形式，简介如下：

$$[C] = \left[\Phi^{\mathrm{T}}\right]^{-1}\left[\overline{C}\right]\left[\Phi\right]^{-1} = [M][\Phi]\left[\overline{M}\right]^{-1}\left[\overline{C}\right]\left[\overline{M}\right]^{-1}[\Phi][M]$$

$$[\xi] = \left[\overline{M}\right]^{-1} \cdot \left[\overline{C}\right] \cdot \left[\overline{M}\right]^{-1} = \begin{bmatrix} \dfrac{2\xi_1\omega_1}{M_1} & 0 & \cdots & 0 \\[2mm] 0 & \dfrac{2\xi_2\omega_2}{M_2} & \cdots & 0 \\[2mm] \vdots & \vdots & \ddots & \vdots \\[2mm] 0 & 0 & \cdots & \dfrac{2\xi_n\omega_n}{M_n} \end{bmatrix}$$

因而完整的时域阻尼阵可简化表示为：

$$[C] = [M][\Phi][\xi][\Phi]^{\mathrm{T}}[M]$$

可在显式动力时程分析中使用。

其中$[\overline{M}]$为广义质量矩阵的逆矩阵，$[\Phi]$为振型矩阵，$[C]$为时域阻尼矩阵，$[\overline{C}]$为广义阻尼矩阵。

3.11.2 结构抗震性能评价方法

3.11.2.1 结构总体变形控制

结构整体性能指标按层间位移角控制，大震时结构最大层间位移角按$[\theta] = 1/50$控制。

3.11.2.2 构件性能目标

《高规》新增加了第 3.11 节结构抗震性能设计，将结构的抗震性能分为五个水准，对应的构件损坏程度则分为"无损坏、轻微损坏、轻度损坏、中度损坏、比较严重损坏"五个级别。

钢构件由于整个截面都是钢材，其塑性变形从截面边缘向内部逐渐发展，基本上可根据边缘纤维的塑性应变大致估计截面内部各点处的应变水平。钢筋混凝土构件截面上的钢筋一般分布在截面的外围，一旦屈服可认为整根钢筋发生全截面屈服。钢构件的塑性应变可同时考察拉应变与压应变，钢筋混凝土构件中的钢筋一般主要考察受拉塑性应变。钢筋混凝土构件除了考察钢筋塑性应变，还要考察混凝土材料的受压损伤情况，其程度以损伤因子表示。剪力墙构件由"多个细分混凝土壳元 + 分层分布钢筋 + 两端约束边缘构件杆元"共同构成，但对整个剪力墙构件而言，如图 3.11-8 所示，由于墙肢面内一般不满足平截面假定，在边缘混凝土单元出现受压损伤后，构件承载力不会立即下降，其损坏判断标准应有所放宽。考虑到剪力墙的初始轴压比通常为$0.5\sim0.6$，当 50%的横截面受压损伤达到 0.5 时，构件整体受压和受剪承载力剩余约75%，仍可承担重力荷载，因此以剪力墙受压损伤横截面面积作为其严重损坏的主要判断标准。连梁和楼板的损坏程度判别标准与剪力墙类似，楼板以承担竖向荷载为主，且具有双向传力性质，小于半跨宽度范围内的楼板受压损伤达到 0.5 时，尚不至于出现严重损坏而导致垮塌。

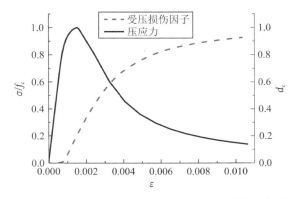

图 3.11-8　混凝土承载力与受压损伤因子的简化对应关系

在 SAUSAGE 中构件的损坏主要以混凝土的受压损伤因子、受拉损伤因子及钢材（钢筋）的塑性应变程度作为评定标准，其与上述《高规》中构件的损坏程度对应关系如图 3.11-9 所示。

性能水平分级数　6

序号	性能水平	颜色	梁柱 εp/εy	梁柱 dc	梁柱 dt	墙板 εp/εy	墙板 dc	墙板 dt
1	无损坏		0	0	0	0	0	0
2	轻微损坏		0.001	0.001	0.2	0.001	0.001	0.2
3	轻度损坏		1	0.001	1	1	0.001	1
4	中度损坏		3	0.2	1	3	0.2	1
5	重度损坏		6	0.6	1	6	0.6	1
6	严重损坏		12	0.8	1	12	0.8	1

使用默认值

图 3.11-9　性能评价标准

说明：图中数值为单元各性能水平指标下限值，各项指标取不利。

$\varepsilon_p/\varepsilon_y$ 为钢筋（钢材）塑性应变与屈服应变的比值。

d_c 为混凝土受压损伤系数。

d_t 为混凝土受拉损伤系数。

梁柱构件性能等级取单元性能等级最大值。

墙板构件性能等级取单元按面积加权平均后的性能等级。

该软件与现行基于性能的结构抗震设计与评估思想联系紧密，每个构件的非线性能力极限状态可根据构件的变形或强度设计目标进行特别设置，因此在分析后处理方面，能输出时程分析的位移、层间侧移角和多种动力反应结果，动态展示结构基本振型、地震作用下的楼层变形、构件的内力滞回包络线图，以及整个结构的能量耗散值和相对的比例。软件根据美国联邦紧急措施署 FEMA 356 报告给出的性能化指标，将反映构件需求-能力比的使用比（Usage ratio）进行可视化，通过不同颜色的渐变，反映构件的性能变化和损伤发展。

3.11.3　A 楼计算结果

3.11.3.1　模型基本信息

1）模型来源

本工程弹塑性分析模型由 YJK 转 SAUSAGE 得到，如图 3.11-10 所示，其中梁、柱、支撑均为框架线单元，楼板按弹性板考虑，结构质量采用 $1.0D + 0.5L$ 组合，考虑了施工顺序。

2）结构构件模拟

模型中钢管混凝土柱、钢梁、钢支撑等构件均采用杆系非线性单元模拟，可模拟钢支撑的受压屈曲。楼板构件采用弹塑性分层壳单元模拟。

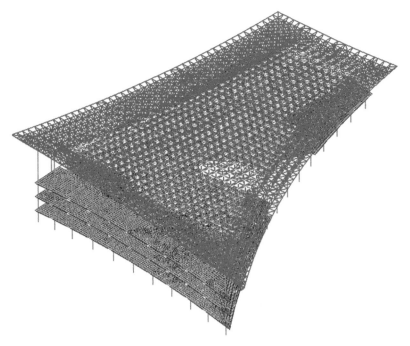

图 3.11-10 SAUSAGE 结构弹塑性分析模型

3.11.3.2 地震动参数

地震作用下的弹塑性分析按大震考虑，即 50 年超越概率为 2%的罕遇地震。地震动直接采用地面加速度时程的方式输入到模型基座上，根据《抗规》第 5.1.2 条的要求，地震动记录经过调幅，使得加速度峰值 PGA 达到 400cm/s²，本次时程动力分析共进行 3 组地震动记录的模拟，分别为天然波 1（TH020TG065，A1 为主方向波，A2 为次方向波）、天然波 2（TH036TG065，B1 为主方向波，B2 为次方向波）、人工波（RH3TG065，C1 为主方向波，C2 为次方向波），正交水平方向和竖向的地震动记录按 1：0.85：0.65 进行三维输入，地震动信息如表 3.11-1 所示，地震波时程曲线以及地震波主、次方向对应地震动反应谱如图 3.11-11 和图 3.11-12 所示。

地震动记录信息   表 3.11-1

地震波	名称	主方向与X向角度/°	PGA	X	Y	Z
天然波 1	X主方向	0	400	A1-100%	A2-85%	A1-65%
	Y主方向	90	400	A2-85%	A1-100%	A1-65%
天然波 2	X主方向	0	400	B1-100%	B2-85%	B1-65%
	Y主方向	90	400	B2-85%	B1-100%	B1-65%
人工波	X主方向	0	400	C1-100%	C2-85%	C1-65%
	Y主方向	90	400	C2-85%	C1-100%	C1-65%

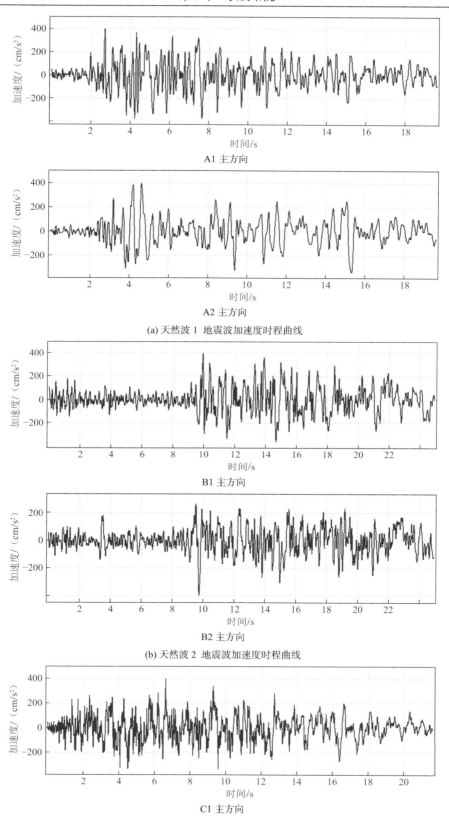

A1 主方向

A2 主方向

(a) 天然波 1 地震波加速度时程曲线

B1 主方向

B2 主方向

(b) 天然波 2 地震波加速度时程曲线

C1 主方向

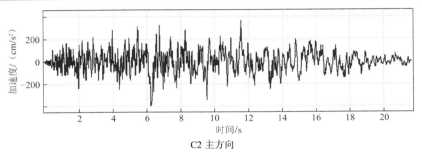

C2 主方向

(c) 人工波 地震波加速度时程曲线

图 3.11-11 地震波加速度时程

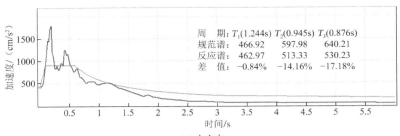

周 期:	T_1(1.244s)	T_2(0.945s)	T_3(0.876s)
规范谱:	466.92	597.98	640.21
反应谱:	462.97	513.33	530.23
差 值:	−0.84%	−14.16%	−17.18%

A1 主方向

周 期:	T_1(1.244s)	T_2(0.945s)	T_3(0.876s)
规范谱:	466.92	597.98	640.21
反应谱:	448.43	541.01	644.65
差 值:	−3.96%	−9.53%	0.69%

A2 主方向

(a) 天然波 1 地震波反应谱与规范谱对比

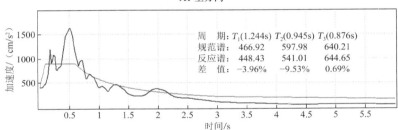

周 期:	T_1(1.244s)	T_2(0.945s)	T_3(0.876s)
规范谱:	466.92	597.98	640.21
反应谱:	503.20	572.90	736.76
差 值:	7.77%	−4.19%	15.08%

B1 主方向

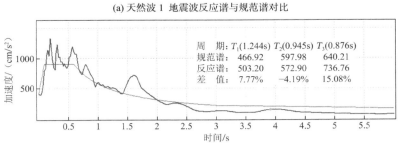

周 期:	T_1(1.244s)	T_2(0.945s)	T_3(0.876s)
规范谱:	466.92	597.98	640.21
反应谱:	388.09	406.89	510.09
差 值:	−16.88%	−31.96%	−20.33%

B2 主方向

(b) 天然波 2 地震波反应谱与规范谱对比

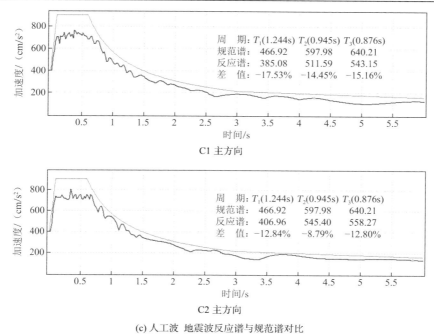

(c) 人工波 地震波反应谱与规范谱对比

图 3.11-12 地震波反应谱与规范反应谱比较

由图可知，3 条地震波主方向反应谱与规范反应谱在结构主要周期点位置相差值基本都在 20%以内，所选的地震波可以较好地反映结构的地震反应。

3.11.3.3 分析结果

1）弹性模型验证

为验证 SAUSAGE 弹塑性分析模型的可靠性，将 SAUSAGE 模型计算所得的结构质量、周期和 YJK 模型进行对比（表 3.11-2 和表 3.11-3），需要说明的是前述章节弹性分析 YJK 计算模型为带地下室的模型，而 SAUSAGE 弹塑性分析模型为不带地下室的模型，为便于统一比较，SAUSAGE 模型和 YJK 模型均为不带地下室模型，因此表 3.11-3 中 YJK 模型的周期值与前述章节弹性分析结果中的周期值略有差别。

综上可知，SAUSAGE 与 YJK 弹性模型质量与基本动力特性基本一致，造成误差的原因主要是两个软件的质量统计规则、是否计入钢筋贡献以及楼板刚性假定不同等，因此可以认为采用的 SAUSAGE 弹塑性模型是可靠的。

结构质量对比（单位：t） 表 3.11-2

YJK	SAUSAGE	差值/%
27498	27644	0.006

结构周期对比（前 3 阶）（单位：s） 表 3.11-3

振型	YJK	SAUSAGE	差值/%
1	1.20	1.24	3.22

续表

振型	YJK	SAUSAGE	差值/%
2	0.90	0.94	4.43
3	0.84	0.88	4.54

2）大震底部剪力、顶点位移与各楼层剪力包络图

（1）大震弹性和弹塑性分析结构基底剪力时程曲线见图 3.11-13。

由上述基底剪力时程曲线对比结果可知，地震作用开始阶段，结构整体处于弹性状态，弹性时程分析与弹塑性时程分析的基底剪力基本一致，曲线基本重合。随着地震剪力增大，部分构件（主要为耗能构件）屈服，结构刚度退化，结构阻尼增大，周期变长，吸收地震剪力减小，弹塑性时程分析的基底剪力逐渐小于弹性时程。

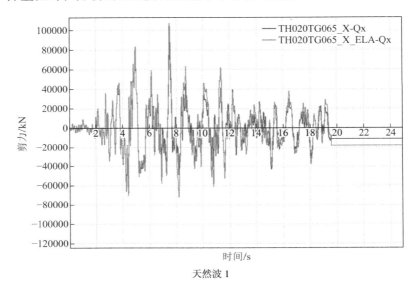

天然波 1

天然波 2

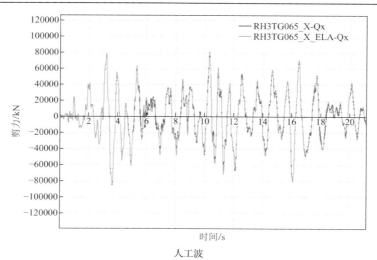

人工波

图 3.11-13 结构基底剪力时程曲线

（2）大震弹塑性分析与大震弹性分析结构顶点位移时程比较见图 3.11-14。

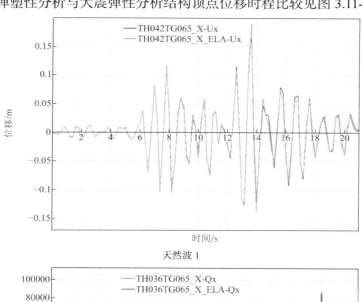

天然波 1

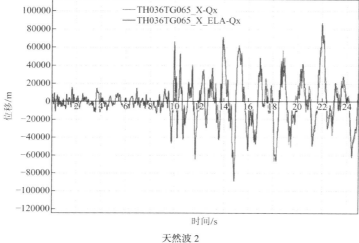

天然波 2

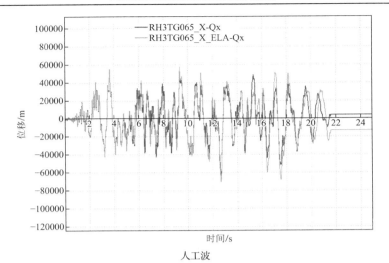

人工波

图 3.11-14　结构顶点位移时程曲线

由上述顶点位移时程对比曲线可知，地震作用刚开始阶段，结构整体处于弹性状态，弹性与弹塑性时程分析的顶点位移基本一致，曲线基本重合。随着地震作用持续进行，地震输入能量加大，结构开始出现损伤，耗能构件屈服，结构刚度退化，周期变长，但结构弹性与弹塑性位移时程曲线基本重合，弹塑性位移峰值出现时刻要稍晚于弹性位移。

（3）结构楼层剪力包络图见图 3.11-15。

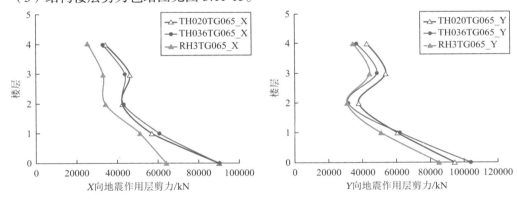

图 3.11-15　结构楼层剪力包络图

由计算结果（表 3.11-4）可知，随着地震输入能量增大，结构部分构件（主要为耗能构件）屈服，刚度退化，阻尼增大，弹塑性时程分析的基底剪力小于弹性时程分析结果，二者比值约为 0.84～0.98。

大震弹塑性和弹性分析最大基底剪力（单位：kN）　　　　　表 3.11-4

类型	主方向沿X轴			主方向沿Y轴		
地震波	弹塑性	弹性	弹塑性/弹性	弹塑性	弹性	弹塑性/弹性
天然波 1	89959	107424	0.84	94319	112630	0.84
天然波 2	88173	89730	0.98	103762	119344	0.87
人工波	63886	70334	0.91	85266	89998	0.95

3）结构弹塑性层间位移角

大震弹塑性时程分析所得结构层间位移角：X向最大层间位移角 1/61（第 4 层），Y向最大层间位移角 1/73（第 4 层），均小于《抗规》第 5.5.5 条要求小于 1/50 的规定，满足"大震不倒"的抗震性能目标要求。

3.11.3.4　结构性能评估

本节主要依据 3.11.2 节的性能指标对结构构件进行性能评估，根据分析结果统计，以地震作用较大的天然波 1 的分析结果为例说明。

1）框架柱损伤情况

在地震作用下，钢管柱和钢管混凝土柱钢材"应变/屈服应变"比值ε_0分布情况如图 3.11-16和图 3.11-17 所示，$\varepsilon_0 \geqslant 1$ 时表明构件发生屈服（图中显示为深红色）。从计算结果可知，地震作用下所有钢管柱均未屈服。钢管混凝土柱钢材应变/塑性应变小于 1.0，钢材未发生屈服。

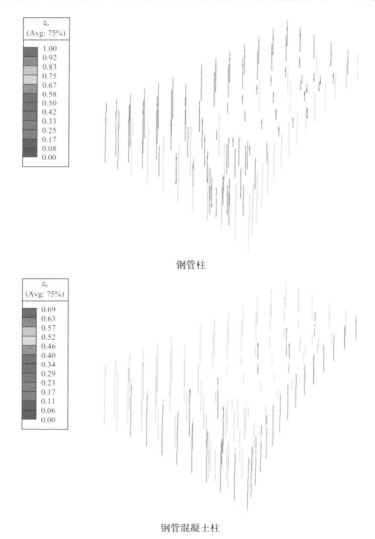

钢管柱

钢管混凝土柱

图 3.11-16　天然波 1 X向大震作用下框架柱钢材应变/屈服应变分布

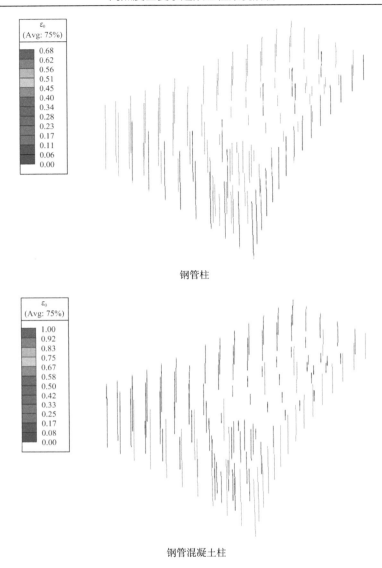

钢管柱

钢管混凝土柱

图 3.11-17 天然波 1 Y 向大震作用下框架柱钢材应变/屈服应变分布

在地震作用下，根据计算结果，钢管混凝土柱混凝土受压损伤因子 D_c 不大于 0.2，处于轻度损伤和无损伤之间。

2）框架梁损伤情况

在地震作用下，钢梁钢材"应变/屈服应变"比值 ε_0 分布情况如图 3.11-18 所示，$\varepsilon_0 \geqslant 1$ 时表明构件发生屈服（图中显示为深红色）。从计算结果可知，地震作用下部分钢梁发生屈服，框架梁最大受拉塑性应变约为 0.002，小于钢材极限应变 0.025，未发生破坏，满足大部分构件中等损坏但不破坏的性能目标要求。

3.11.3.5 弹塑性时程分析总结

结构在大震作用下的性能表现良好，没有受到严重的破坏，抗震性能水准可达到并稍高于《高钢规》第 3.8.1 条所述的性能水准 C 的水平，具体情况如下：

（1）**层间位移角**：X 向最大层间位移角 1/61（第 4 层），Y 向最大层间位移角 1/73（第 4 层），均小于《抗规》第 5.5.5 条要求小于 1/50 的规定，满足"大震不倒"的抗震性能目标要求。

（2）**框架柱**：地震作用下钢管柱不屈服，钢管混凝土柱钢材不屈服。钢管混凝土柱受压损伤因子 D_c 不大于 0.2，处于轻度损伤和无损伤之间。框架柱整体损伤较轻，钢管柱塑性发展程度较轻，具有较高的承载力储备。

（3）**框架梁**：地震作用下大部分钢梁发生屈服，框架梁最大受拉塑性应变约为 0.002，小于钢材极限应变 0.025，未发生破坏，满足大部分构件中等损坏但不破坏的性能目标要求。

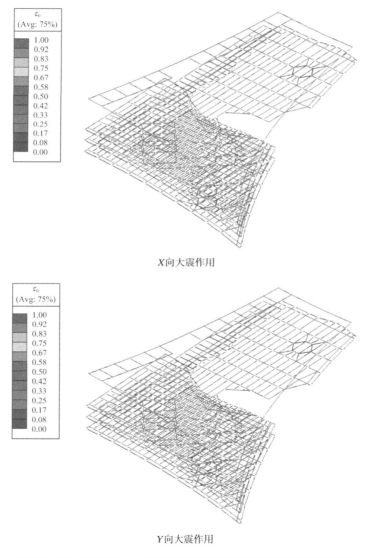

X 向大震作用

Y 向大震作用

图 3.11-18 天然波 1 大震作用下框架梁钢材应变/屈服应变分布

3.11.4　B楼计算结果

3.11.4.1　模型基本信息

1）模型来源

本工程弹塑性分析模型由 YJK 转 SAUSAGE 得到，如图 3.11-19 所示，其中梁、柱、支撑均为框架线单元，楼板按弹性板考虑，结构质量采用 $1.0D + 0.5L$ 组合，考虑了施工顺序。

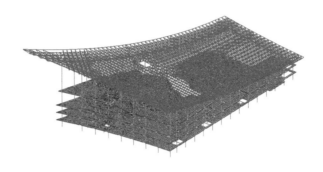

图 3.11-19　SAUSAGE 结构弹塑性分析模型

2）结构构件模拟

模型中钢管混凝土柱、钢梁、钢支撑等构件均采用杆系非线性单元模拟，可模拟钢支撑的受压屈曲。楼板构件采用弹塑性分层壳单元模拟。

3.11.4.2　地震动参数

地震作用下的弹塑性分析按大震考虑，即 50 年超越概率为 2% 的罕遇地震。地震动直接采用地面加速度时程的方式输入到模型基座上，根据《抗规》第 5.1.2 条的要求，地震动记录经过调幅，使得加速度峰值 PGA 达到 $400 \mathrm{cm/s^2}$，本次时程动力分析共进行 3 组地震动记录的模拟，分别为天然波 1（TH051TG065，A1 为主方向波，A2 为次方向波）、天然波 2（TH086TG065，B1 为主方向波，B2 为次方向波）、人工波（RH3TG065，C1 为主方向波，C2 为次方向波），正交水平方向和竖向的地震动记录按 1∶0.85∶0.65 进行三维输入，地震动信息如表 3.11-5 所示，地震波时程曲线以及地震波主、次方向对应地震动反应谱如图 3.11-20 和图 3.11-21 所示。

地震动记录信息　　　　　　　　　　　表 3.11-5

地震波	名称	主方向与X向角度/°	PGA	X	Y	Z
天然波 1	X 主方向	0	400	A1-100%	A2-85%	A1-65%
	Y 主方向	90	400	A2-85%	A1-100%	A1-65%
天然波 2	X 主方向	0	400	B1-100%	B2-85%	B1-65%
	Y 主方向	90	400	B2-85%	B1-100%	B1-65%

地震波	名称	主方向与X向角度/°	PGA	X	Y	Z
人工波	X主方向	0	400	C1-100%	C2-85%	C1-65%
	Y主方向	90	400	C2-85%	C1-100%	C1-65%

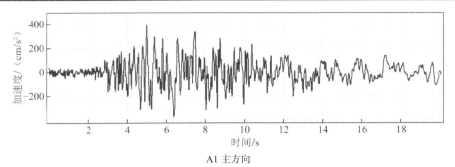

A1 主方向

A2 主方向

(a) 天然波 1 地震波加速度时程曲线

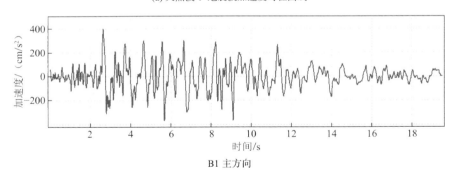

B1 主方向

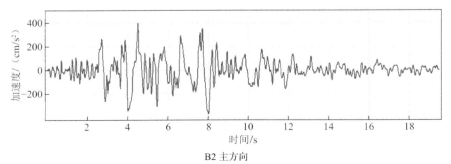

B2 主方向

(b) 天然波 2 地震波加速度时程曲线

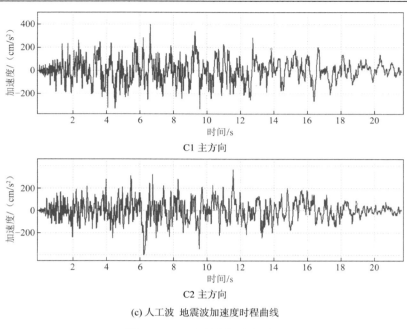

C1 主方向

C2 主方向

(c) 人工波 地震波加速度时程曲线

图 3.11-20 地震波加速度时程

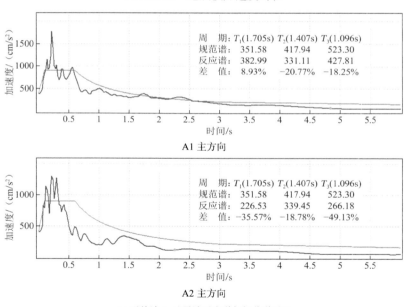

周　期：$T_1(1.705s)$ $T_2(1.407s)$ $T_3(1.096s)$
规范谱：351.58　417.94　523.30
反应谱：382.99　331.11　427.81
差　值：8.93%　−20.77%　−18.25%

A1 主方向

周　期：$T_1(1.705s)$ $T_2(1.407s)$ $T_3(1.096s)$
规范谱：351.58　417.94　523.30
反应谱：226.53　339.45　266.18
差　值：−35.57%　−18.78%　−49.13%

A2 主方向

(a) 天然波 1 地震波反应谱与规范谱对比

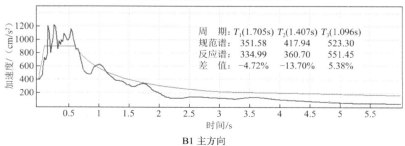

周　期：$T_1(1.705s)$ $T_2(1.407s)$ $T_3(1.096s)$
规范谱：351.58　417.94　523.30
反应谱：334.99　360.70　551.45
差　值：−4.72%　−13.70%　5.38%

B1 主方向

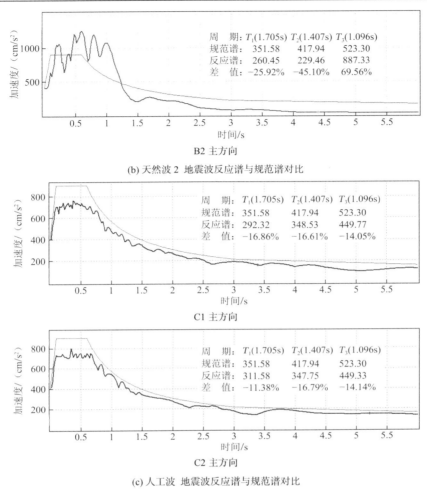

B2 主方向

(b) 天然波 2 地震波反应谱与规范谱对比

C1 主方向

C2 主方向

(c) 人工波 地震波反应谱与规范谱对比

图 3.11-21　地震波反应谱与规范反应谱比较

由图可知，3 条地震波主方向反应谱与规范反应谱在结构主要周期点位置相差值基本都在 20%以内，所选的地震波可以较好地反映结构的地震反应。

3.11.4.3　分析结果

1）弹性模型验证

为验证 SAUSAGE 弹塑性分析模型的可靠性，将 SAUSAGE 模型计算所得的结构质量、周期和 YJK 模型进行对比（表 3.11-6 和表 3.11-7），需要说明的是前述章节弹性分析 YJK 计算模型为带地下室的模型，而 SAUSAGE 弹塑性分析模型为不带地下室的模型，为便于统一比较，SAUSAGE 模型和 YJK 模型均为不带地下室模型，因此表 3.11-7 中 YJK 模型的周期值与前述章节弹性分析结果中的周期值略有差别。

结构质量对比（单位：t）　　　　　　　　　　　　　　　　表 3.11-6

YJK	SAUSAGE	差值/%
37909	38127	0.06

结构周期对比（前3阶）（单位：s） 表 3.11-7

振型	YJK	SAUSAGE	差值/%
1	1.67	1.70	0.18
2	1.38	1.40	0.15
3	1.06	1.10	0.06

综上可知，SAUSAGE 与 YJK 弹性模型质量与基本动力特性基本一致，造成误差的原因主要是两个软件的质量统计规则、是否计入钢筋贡献以及楼板刚性假定不同等，因此可以认为采用的 SAUSAGE 弹塑性模型是可靠的。

2）大震底部剪力、顶点位移与各楼层剪力包络图

（1）大震弹性和弹塑性分析结构基底剪力时程曲线见图 3.11-22。

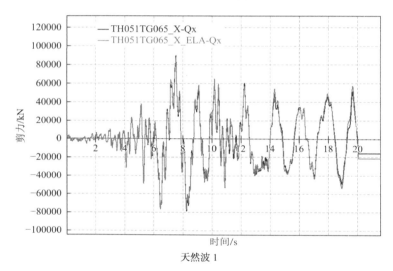

天然波 1

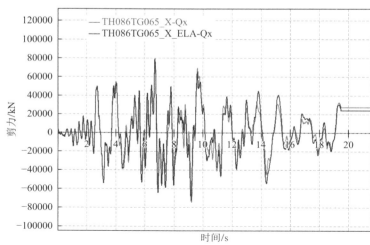

天然波 2

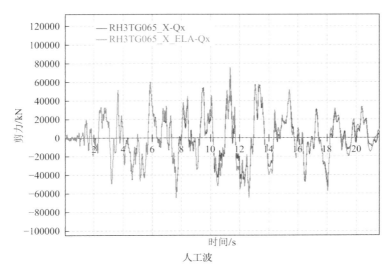

人工波

图 3.11-22 结构基底剪力时程曲线

由上述基底剪力时程曲线对比结果可知，地震作用开始阶段，结构整体处于弹性状态，弹性时程分析与弹塑性时程分析的基底剪力基本一致，曲线基本重合。随着地震剪力增大，部分构件（主要为耗能构件）屈服，结构刚度退化，结构阻尼增大，周期变长，吸收地震剪力减小，弹塑性时程分析的基底剪力逐渐小于弹性时程。

（2）大震弹塑性分析与大震弹性分析结构顶点位移时程比较见图 3.11-23。

由上述顶点位移时程对比曲线可知，地震作用刚开始阶段，结构整体处于弹性状态，弹性与弹塑性时程分析的顶点位移基本一致，曲线基本重合。随着地震作用持续进行，地震输入能量加大，结构开始出现损伤，耗能构件屈服，结构刚度退化，周期变长，结构弹性与弹塑性位移时程曲线不再重合，弹塑性位移峰值出现时刻要晚于弹性位移。

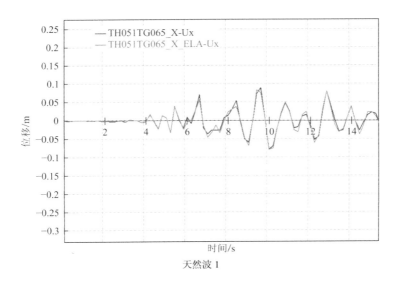

天然波 1

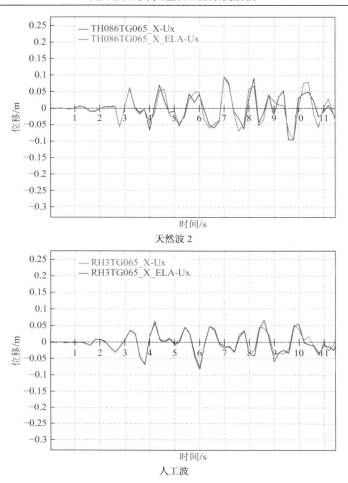

图 3.11-23　结构顶点位移时程曲线

（3）结构楼层剪力包络图见图 3.11-24。

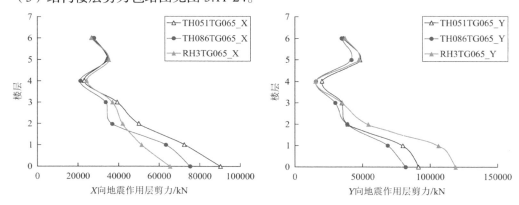

图 3.11-24　结构楼层剪力包络图

由计算结果（表 3.11-8）可知，随着地震输入能量增大，结构部分构件（主要为耗能构件）屈服，刚度退化，阻尼增大，弹塑性时程分析的基底剪力小于弹性时程分析结果，二者比值约为 0.86～0.99。

大震弹塑性和弹性分析最大基底剪力（单位：kN）　　　　表 3.11-8

地震波	主方向沿X轴			主方向沿Y轴		
	弹塑性	弹性	弹塑性/弹性	弹塑性	弹性	弹塑性/弹性
天然波 1	88669	90311	0.98	91592	93172	0.98
天然波 2	75133	79626	0.94	81634	82633	0.99
人工波	65344	75957	0.86	118873	126045	0.94

3）结构弹塑性层间位移角

大震弹塑性时程分析所得结构层间位移角：X向最大层间位移角 1/61（第 6 层），Y向最大层间位移角 1/86（第 6 层），均小于《抗规》第 5.5.5 条要求小于 1/50 的规定，满足"大震不倒"的抗震性能目标要求。

3.11.4.4　结构性能评估

本节主要依据 3.11.2 节的性能指标对结构构件进行性能评估，根据分析结果统计，以地震作用较大的天然波 1 的分析结果为例说明。

1）框架柱损伤情况

在地震作用下，钢管柱和钢管混凝土柱钢材"应变/屈服应变"比值ε_0分布情况如图 3.11-25 和图 3.11-26 所示，$\varepsilon_0 \geqslant 1$ 时表明构件发生屈服（图中显示为深红色）。从计算结果可知，地震作用下中间钢柱在 4 层柱顶发生屈服，但比值ε_0不超过 1.03，可以认为钢柱基本不屈服。钢管混凝土柱钢材应变/塑性应变小于 1.0，钢材未发生屈服。

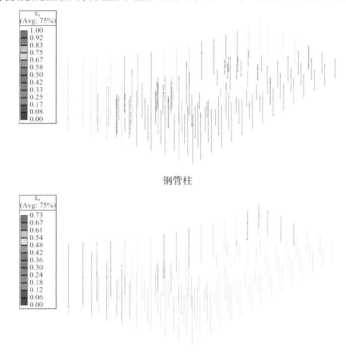

钢管柱

钢管混凝土柱

图 3.11-25　天然波 1　X向大震作用下框架柱钢材应变/屈服应变分布

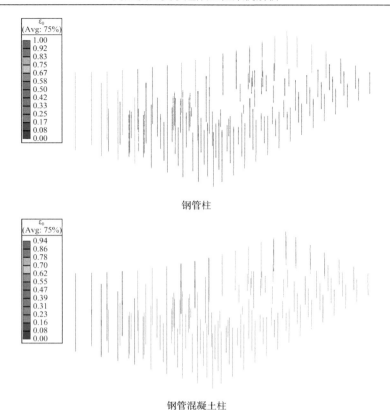

钢管柱

钢管混凝土柱

图 3.11-26　天然波 1　Y 向大震作用下框架柱钢材应变/屈服应变分布

从计算结果可知，地震作用下大部分钢管混凝土柱受压损伤因子 D_c 不大于 0.2，处于轻度损伤和无损伤之间。仅一个钢管混凝土柱柱脚处混凝土受压损伤因子 D_c 为 0.235，达到中度损坏。

2）框架梁损伤情况

在地震作用下，钢梁钢材"应变/屈服应变"比值 ε_0 分布情况如图 3.11-27 所示，$\varepsilon_0 \geqslant 1$ 时表明构件发生屈服（图中显示为深红色）。从计算结果可知，地震作用下大部分钢梁发生屈服，框架梁最大受拉塑性应变约为 0.002，小于钢材极限应变 0.025，未发生破坏，满足大部分构件中等损坏但不破坏的性能目标要求。

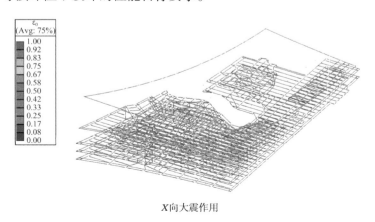

X 向大震作用

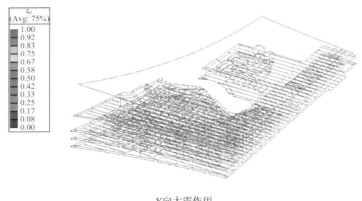

Y向大震作用

图 3.11-27　天然波 1　大震作用下框架梁钢材应变/屈服应变分布

3.11.4.5　弹塑性时程分析总结

结构在大震作用下的性能表现良好，没有受到严重的破坏，抗震性能水准可达到并稍高于《高钢规》第 3.8.1 条所述的性能水准 C 的水平，具体情况如下：

（1）**层间位移角**：X 向最大层间位移角 1/61（第 6 层），Y 向最大层间位移角 1/86（第 6 层），均小于《抗规》第 5.5.5 条要求小于 1/50 的规定，满足"大震不倒"的抗震性能目标要求。

（2）**框架柱**：地震作用下个别中间钢柱在 4 层柱顶发生屈服，但钢材应变/塑性应变比值不超过 1.03，可以认为钢柱基本不屈服。地震作用下大部分钢管混凝土柱受压损伤因子 D_c 不大于 0.2，处于轻度损伤和无损伤之间。仅一个钢管混凝土柱柱脚处混凝土受压损伤因子 D_c 为 0.235，达到中度损坏。框架柱整体损伤较轻，钢管柱塑性发展程度较轻，具有较高的承载力储备。

（3）**框架梁**：地震作用下大部分钢梁发生屈服，框架梁最大受拉塑性应变约为 0.002，小于钢材极限应变 0.025，未发生破坏，满足大部分构件中等损坏但不破坏的性能目标要求。

3.11.5　C 楼计算结果

3.11.5.1　模型基本信息

1）模型来源

本工程弹塑性分析模型由 YJK 转 SAUSAGE 得到，如图 3.11-28 所示，其中梁、柱、支撑均为框架线单元，楼板按弹性板考虑，结构质量采用 1.0D + 0.5L 组合，考虑了施工顺序。

2）结构构件模拟

模型中钢管混凝土柱、钢梁、钢支撑等构件均采用杆系非线性单元模拟，可模拟钢支撑的受压屈曲。楼板构件采用弹塑性分层壳单元模拟。

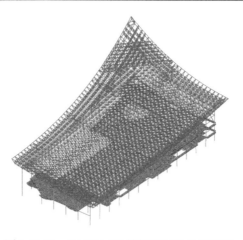

图 3.11-28　SAUSAGE 结构弹塑性分析模型

3.11.5.2　地震动参数

地震作用下的弹塑性分析按大震考虑，即 50 年超越概率为 2% 的罕遇地震。地震动直接采用地面加速度时程的方式输入到模型基座上，根据《抗规》第 5.1.2 条的要求，地震动记录经过调幅，使得加速度峰值 PGA 达到 400cm/s²，本次时程动力分析共进行 3 组地震动记录的模拟，分别为天然波 1（TH020TG065，A1 为主方向波，A2 为次方向波）、天然波 2（TH051TG065，B1 为主方向波，B2 为次方向波）、人工波（RH4TG065，C1 为主方向波，C2 为次方向波），正交水平方向和竖向的地震动记录按 1：0.85：0.65 进行三维输入，地震动信息如表 3.11-9 所示，地震波时程曲线以及地震波主、次方向对应地震动反应谱如图 3.11-29 和图 3.11-30 所示。

地震动记录信息　　　　　　　　　　　　　表 3.11-9

地震波	名称	主方向与X向角度/°	PGA	X	Y	Z
天然波 1	X主方向	0	400	A1-100%	A2-85%	A1-65%
	Y主方向	90	400	A2-85%	A1-100%	A1-65%
天然波 2	X主方向	0	400	B1-100%	B2-85%	B1-65%
	Y主方向	90	400	B2-85%	B1-100%	B1-65%
人工波	X主方向	0	400	C1-100%	C2-85%	C1-65%
	Y主方向	90	400	C2-85%	C1-100%	C1-65%

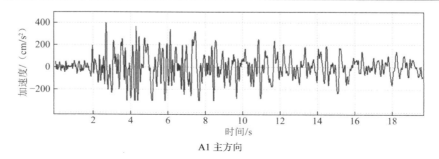

A1 主方向

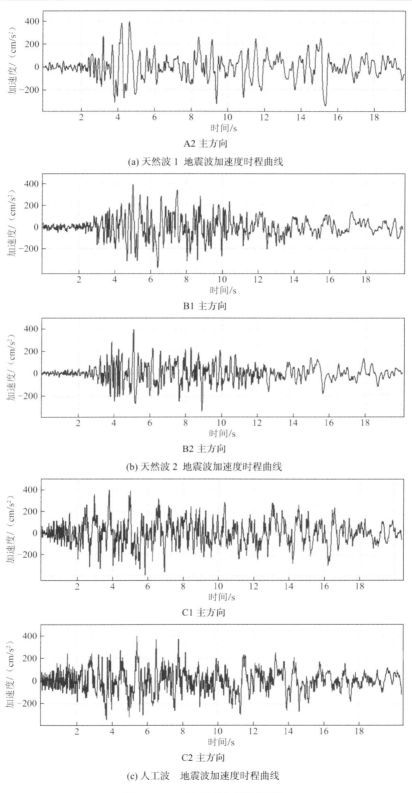

A2 主方向

(a) 天然波 1 地震波加速度时程曲线

B1 主方向

B2 主方向

(b) 天然波 2 地震波加速度时程曲线

C1 主方向

C2 主方向

(c) 人工波 地震波加速度时程曲线

图 3.11-29 地震波加速度时程

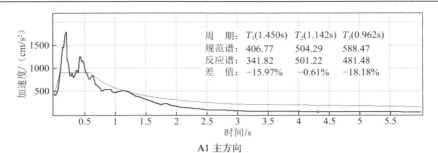

A1 主方向

A2 主方向

(a) 天然波 1 地震波反应谱与规范谱对比

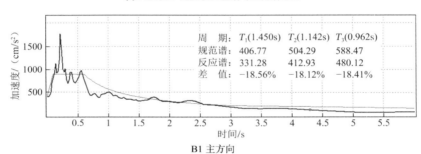

B1 主方向

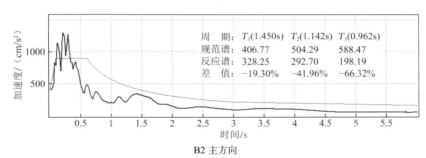

B2 主方向

(b) 天然波 2 地震波反应谱与规范谱对比

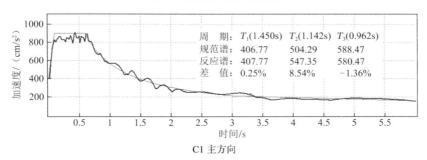

C1 主方向

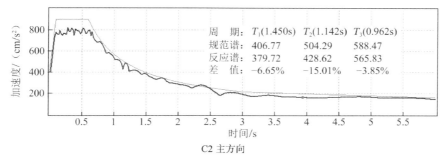

C2 主方向

(c) 人工波 地震波反应谱与规范谱对比

图 3.11-30 地震波反应谱与规范反应谱比较

由图可知，3 条地震波主方向反应谱与规范反应谱在结构主要周期点位置相差值基本都在 20%以内，所选的地震波可以较好地反映结构的地震反应。

3.11.5.3 分析结果

1）弹性模型验证

为验证 SAUSAGE 弹塑性分析模型的可靠性，将 SAUSAGE 模型计算所得的结构质量、周期和 YJK 模型进行对比（表 3.11-10 和表 3.11-11），需要说明的是前述章节弹性分析 YJK 计算模型为带地下室的模型，而 SAUSAGE 弹塑性分析模型为不带地下室的模型，为便于统一比较，SAUSAGE 模型和 YJK 模型均为不带地下室模型，因此表 3.11-11 中 YJK 模型的周期值与前述章节弹性分析结果中的周期值略有差别。

结构质量对比（单位：t） 表 3.11-10

YJK	SAUSAGE	差值/%
20007	20975	4.61

结构周期对比（前 3 阶）（单位：s） 表 3.11-11

振型	YJK	SAUSAGE	差值/%
1	1.41	1.45	2.08
2	1.16	1.14	1.75
3	0.97	0.96	1.04

综上可知，SAUSAGE 与 YJK 弹性模型质量与基本动力特性基本一致，造成误差的原因主要是两个软件的质量统计规则、是否计入钢筋贡献以及楼板刚性假定不同等，因此可以认为采用的 SAUSAGE 弹塑性模型是可靠的。

2）大震底部剪力、顶点位移与各楼层剪力包络图

（1）大震弹性和弹塑性分析结构基底剪力时程曲线见图 3.11-31。

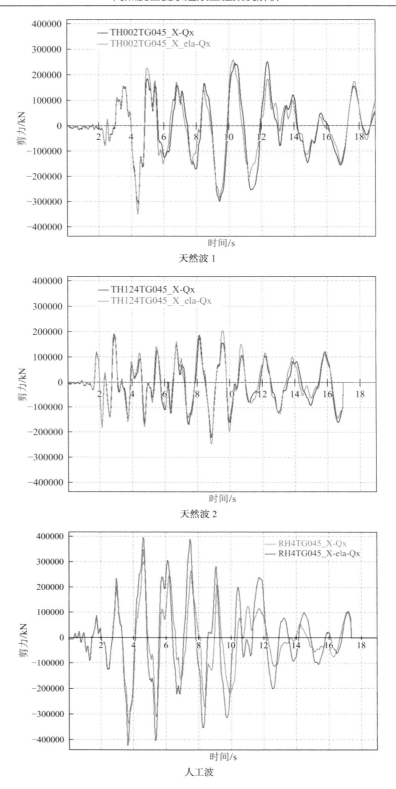

天然波 1

天然波 2

人工波

图 3.11-31　结构基底剪力时程曲线

由上述基底剪力时程曲线对比结果可知，地震作用开始阶段，结构整体处于弹性状态，弹性时程分析与弹塑性时程分析的基底剪力基本一致，曲线基本重合。随着地震剪力增大，部分构件（主要为耗能构件）屈服，结构刚度退化，结构阻尼增大，周期变长，吸收地震剪力减小，弹塑性时程分析的基底剪力逐渐小于弹性时程。

（2）大震弹塑性分析与大震弹性分析结构顶点位移时程比较见图 3.11-32。

由上述顶点位移时程对比曲线可知，地震作用刚开始阶段，结构整体处于弹性状态，弹性与弹塑性时程分析的顶点位移基本一致，曲线基本重合。随着地震作用持续进行，地震输入能量加大，结构开始出现损伤，耗能构件屈服，结构刚度退化，周期变长，结构弹性与弹塑性位移时程曲线不再重合，弹塑性位移峰值出现时刻要晚于弹性位移。

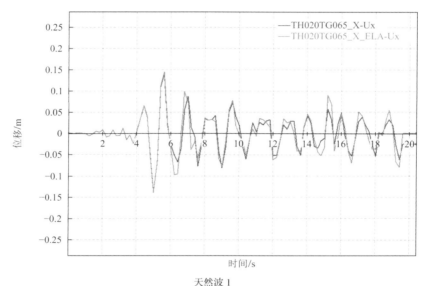

天然波 1

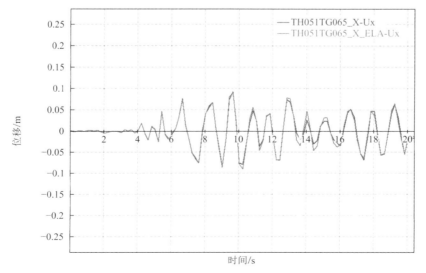

天然波 2

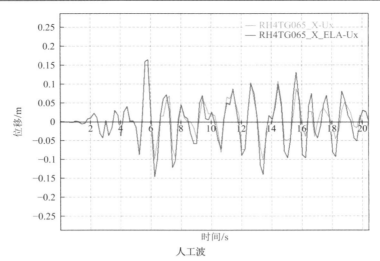

图 3.11-32　结构顶点位移时程曲线

（3）结构楼层剪力包络图见图 3.11-33。

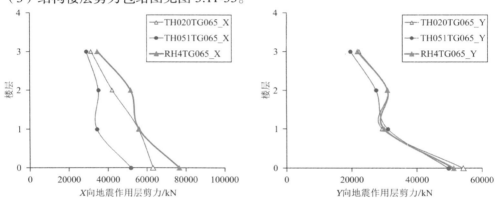

图 3.11-33　结构楼层剪力包络图

由计算结果（表 3.11-12）可知，随着地震输入能量增大，结构部分构件（主要为耗能构件）屈服，刚度退化，阻尼增大，弹塑性时程分析的基底剪力小于弹性时程分析结果，二者比值约为 0.92～0.99。

大震弹塑性和弹性分析最大基底剪力（单位：kN）　　　　　　　表 3.11-12

地震波	主方向沿X轴			主方向沿Y轴		
	弹塑性	弹性	弹塑性/弹性	弹塑性	弹性	弹塑性/弹性
天然波 1	63147	67341	0.94	53981	54166	0.99
天然波 2	51780	53273	0.97	49622	53504	0.93
人工波	76608	83199	0.92	51300	51789	0.99

3）结构弹塑性层间位移角

大震弹塑性时程分析所得结构层间位移角：X向最大层间位移角 1/52（第 3 层），Y向最大层间位移角 1/62（第 3 层），均小于《抗规》第 5.5.5 条要求小于 1/50 的规定，满足"大震不倒"的抗震性能目标要求。

3.11.5.4 结构性能评估

本节主要依据 3.11.2 节的性能指标对结构构件进行性能评估，根据分析结果统计，以地震作用较大的人工波的分析结果为例说明。

1）框架柱损伤情况

在地震作用下，钢管柱和钢管混凝土柱钢材"应变/屈服应变"比值 ε_0 分布情况如图 3.11-34 和图 3.11-35 所示，$\varepsilon_0 \geqslant 1$ 时表明构件发生屈服（图中显示为深红色）。从计算结果可知，地震作用下个别钢柱在 3 层柱底发生屈服，主要集中在 X 向地震作用下，但比值 ε_0 不超过 1.03，可以认为钢柱基本不屈服。钢管混凝土柱钢材应变/塑性应变小于 1.0，钢材未发生屈服。

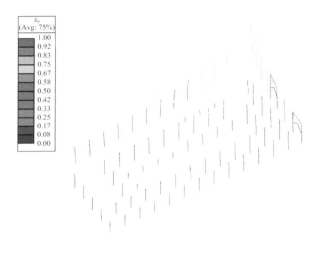

钢管柱

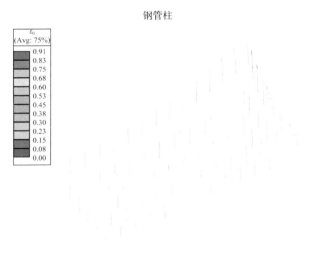

钢管混凝土柱

图 3.11-34 人工波 X 向大震作用下框架柱钢材应变/屈服应变分布

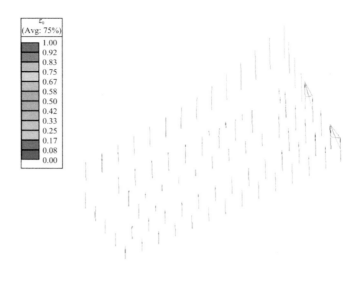

钢管柱

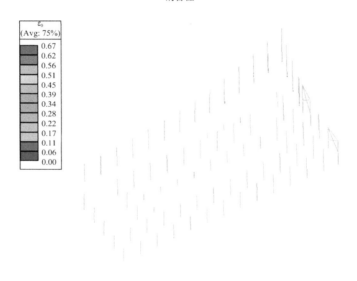

钢管混凝土柱

图 3.11-35　人工波 Y 向大震作用下框架柱钢材应变/屈服应变分布

地震作用下钢管混凝土柱混凝土受压损伤因子 D_c 不大于 0.2，处于轻度损伤和无损伤之间。

2）框架梁损伤情况

在地震作用下，钢梁钢材"应变/屈服应变"比值 ε_0 分布情况如图 3.11-36 所示，$\varepsilon_0 \geqslant 1$ 时表明构件发生屈服（图中显示为深红色）。从计算结果可知，地震作用下大部分钢梁发生屈服，连桥端部延伸段个别钢梁发生屈服，框架梁最大受拉塑性应变约为 0.006，小于钢材极限应变 0.025，未发生破坏，满足大部分构件中等损坏但不破坏的性能目标要求。

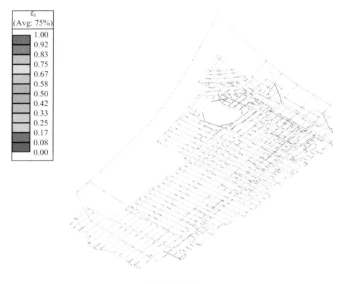

X向大震作用

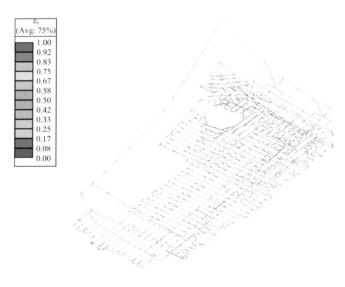

Y向大震作用

图 3.11-36　人工波　大震作用下框架梁钢材应变/屈服应变分布

3）支撑损伤情况

在地震作用下，钢支撑钢材"应变/屈服应变"比值ε_0分布情况如图 3.11-37 所示，$\varepsilon_0 \geqslant 1$ 时表明构件发生屈服（图中显示为深红色）。从计算结果可知，地震作用下钢支撑发生屈服，其最大塑性压应变约为 0.006，最大受拉塑性应变约为 0.001，均小于钢材极限应变 0.025，说明构件进入了屈服，但未发生破坏。满足罕遇地震水准下部分构件中等损坏但不破坏的性能目标要求。

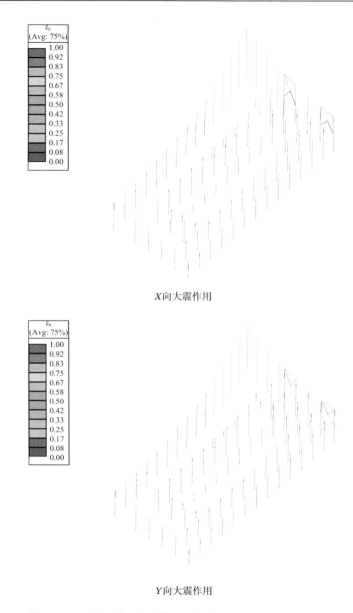

X向大震作用

Y向大震作用

图 3.11-37　人工波　大震作用下支撑钢材应变/屈服应变分布

3.11.5.5　弹塑性时程分析总结

结构在大震作用下的性能表现良好，没有受到严重的破坏，抗震性能水准可达到并稍高于《高钢规》第 3.8.1 条所述的性能水准 C 的水平，具体情况如下：

（1）**层间位移角**：X向最大层间位移角 1/52（第 3 层），Y向最大层间位移角 1/62（第 3 层），均小于《抗规》第 5.5.5 条要求小于 1/50 的规定，满足"大震不倒"的抗震性能目标要求。

（2）**支撑**：本工程为钢框架结构，局部存在支撑。计算过程中可模拟钢支撑的拉压循环受力和受压屈服。最大塑性压应变约为 0.006，最大塑性拉应变约为 0.001，均小于钢材极限应变 0.025，说明构件进入了屈服，但未发生破坏。满足罕遇地震水准下部分构件中等损坏但不破坏的性能目标要求。

（3）**框架柱**：地震作用下个别钢柱在 3 层柱底发生屈服，主要集中在*X*向地震作用下，但钢材应变/塑性应变比值不超过 1.03，可以认为钢柱基本不屈服。地震作用下大部分钢管混凝土柱受压损伤因子D_c不大于 0.2，处于轻度损伤和无损伤之间。框架柱整体损伤较轻，钢管柱塑性发展程度较轻，具有较高的承载力储备。

（4）**框架梁**：地震作用下大部分钢梁发生屈服，框架梁最大受拉塑性应变约为 0.006，小于钢材极限应变 0.025，未发生破坏，满足大部分构件中等损坏但不破坏的性能目标要求。

3.11.6　D 楼计算结果

3.11.6.1　模型基本信息

1）模型来源

本工程弹塑性分析模型由 YJK 转 SAUSAGE 得到，如图 3.11-38 所示，其中梁、柱、支撑均为框架线单元，楼板按弹性板考虑，结构质量采用 $1.0D + 0.5L$ 组合，考虑了施工顺序。

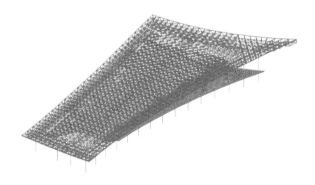

图 3.11-38　SAUSAGE 结构弹塑性分析模型

2）结构构件模拟

模型中钢管混凝土柱、钢梁、钢支撑等构件均采用杆系非线性单元模拟，可模拟钢支撑的受压屈曲。楼板构件采用弹塑性分层壳单元模拟。

3.11.6.2　地震动参数

地震作用下的弹塑性分析按大震考虑，即 50 年超越概率为 2%的罕遇地震。地震动直接采用地面加速度时程的方式输入到模型基座上，根据《抗规》第 5.1.2 条的要求，地震动记录经过调幅，使得加速度峰值 PGA 达到 400cm/s²，本次时程动力分析共进行 3 组地震动记录的模拟，分别为天然波 1（TH042TG065，A1 为主方向波，A2 为次方向波）、天然波 2（TH020TG065，B1 为主方向波，B2 为次方向波）、人工波（RH3TG065，C1 为主方向波，C2 为次方向波），正交水平方向和竖向的地震动记录按 1：0.85：0.65 进行三维输入，地震动信息如表 3.11-13 所示，地震波时程曲线以及地震波主、次方向对应地震动反应谱如图 3.11-39 和图 3.11-40 所示。

地震动记录信息

表 3.11-13

地震波	名称	主方向与X向角度/°	PGA	X	Y	Z
天然波 1	X主方向	0	400	A1-100%	A2-85%	A1-65%
	Y主方向	90	400	A2-85%	A1-100%	A1-65%
天然波 2	X主方向	0	400	B1-100%	B2-85%	B1-65%
	Y主方向	90	400	B2-85%	B1-100%	B1-65%
人工波	X主方向	0	400	C1-100%	C2-85%	C1-65%
	Y主方向	90	400	C2-85%	C1-100%	C1-65%

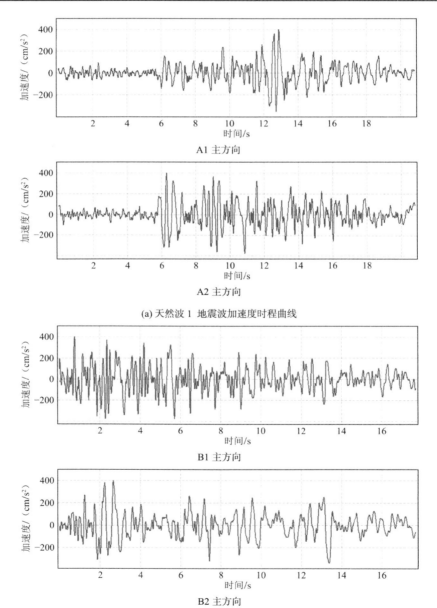

A1 主方向

A2 主方向

(a) 天然波 1 地震波加速度时程曲线

B1 主方向

B2 主方向

(b) 天然波 2 地震波加速度时程曲线

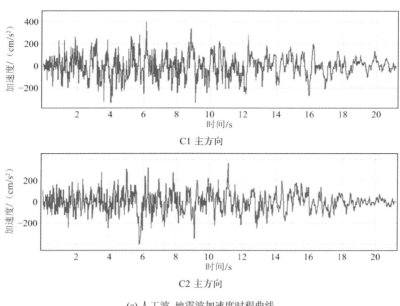

C1 主方向

C2 主方向

(c) 人工波 地震波加速度时程曲线

图 3.11-39 地震波加速度时程

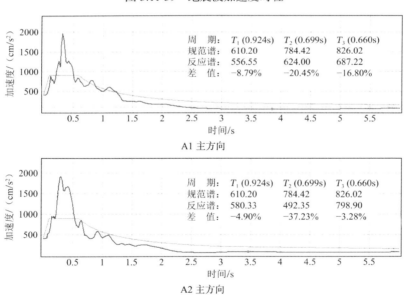

周 期：	T_1 (0.924s)	T_2 (0.699s)	T_3 (0.660s)
规范谱：	610.20	784.42	826.02
反应谱：	556.55	624.00	687.22
差 值：	-8.79%	-20.45%	-16.80%

A1 主方向

周 期：	T_1 (0.924s)	T_2 (0.699s)	T_3 (0.660s)
规范谱：	610.20	784.42	826.02
反应谱：	580.33	492.35	798.90
差 值：	-4.90%	-37.23%	-3.28%

A2 主方向

(a) 天然波 1 地震波反应谱与规范谱对比

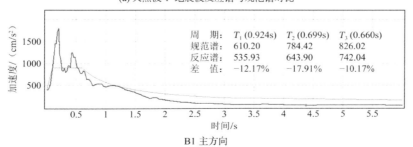

周 期：	T_1 (0.924s)	T_2 (0.699s)	T_3 (0.660s)
规范谱：	610.20	784.42	826.02
反应谱：	535.93	643.90	742.04
差 值：	-12.17%	-17.91%	-10.17%

B1 主方向

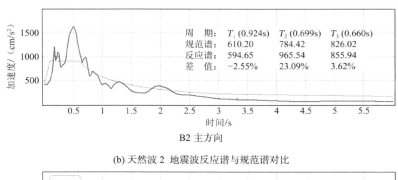

(b) 天然波 2 地震波反应谱与规范谱对比

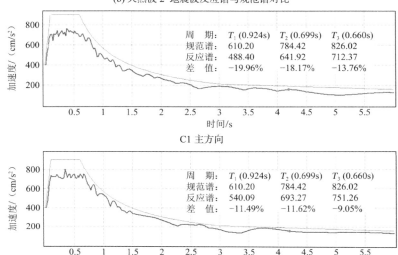

(c) 人工波 地震波反应谱与规范谱对比

图 3.11-40　地震波反应谱与规范反应谱比较

由图可知，3 条地震波主方向反应谱与规范反应谱在结构主要周期点位置相差值基本都在 20%以内，所选的地震波可以较好地反映结构的地震反应。

3.11.6.3　分析结果

1）弹性模型验证

为验证 SAUSAGE 弹塑性分析模型的可靠性，将 SAUSAGE 模型计算所得的结构质量、周期和 YJK 模型进行对比（表 3.11-14 和表 3.11-15），需要说明的是前述章节弹性分析 YJK 计算模型为带地下室的模型，而 SAUSAGE 弹塑性分析模型为不带地下室的模型，为便于统一比较，SAUSAGE 模型和 YJK 模型均为不带地下室模型，因此表 3.11-15 中 YJK 模型的周期值与前述章节弹性分析结果中的周期值略有差别。

结构质量对比（单位：t）　　　　　　　　　　　　表 3.11-14

YJK	SAUSAGE	差值/%
13710	13759	0.04

结构周期对比（前 3 阶）（单位：s）　　　　　　　　　　　表 3.11-15

振型	YJK	SAUSAGE	差值/%
1	0.95	0.92	3.26
2	0.70	0.70	0
3	0.66	0.66	0

综上可知，SAUSAGE 与 YJK 弹性模型质量与基本动力特性基本一致，造成误差的原因主要是两个软件的质量统计规则、是否计入钢筋贡献以及楼板刚性假定不同等，因此可以认为采用的 SAUSAGE 弹塑性模型是可靠的。

2）大震底部剪力、顶点位移与各楼层剪力包络图

（1）大震弹性和弹塑性分析结构基底剪力时程曲线见图 3.11-41。

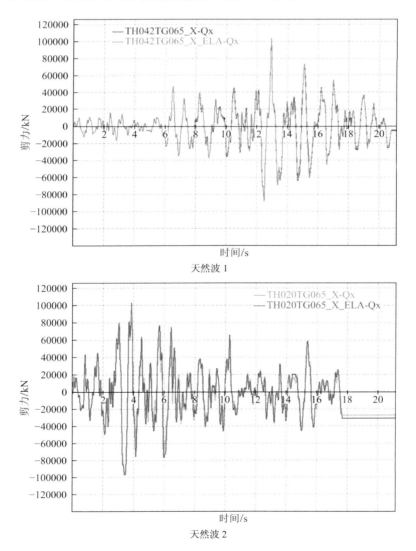

天然波 1

天然波 2

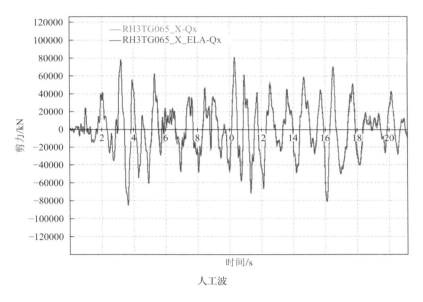

人工波

图 3.11-41　结构基底剪力时程曲线

由上述基底剪力时程曲线对比结果可知，地震作用开始阶段，结构整体处于弹性状态，弹性时程分析与弹塑性时程分析的基底剪力基本一致，曲线基本重合。随着地震剪力增大，部分构件（主要为耗能构件）屈服，结构刚度退化，结构阻尼增大，周期变长，吸收地震剪力减小，弹塑性时程分析的基底剪力逐渐小于弹性时程。

（2）大震弹塑性分析与大震弹性分析结构顶点位移时程比较见图 3.11-42。

由上述顶点位移时程对比曲线可知，地震作用刚开始阶段，结构整体处于弹性状态，弹性与弹塑性时程分析的顶点位移基本一致，曲线基本重合。随着地震作用持续进行，地震输入能量加大，结构开始出现损伤，耗能构件屈服，结构刚度退化，周期变长，但结构弹性与弹塑性位移时程曲线基本重合，说明构件损伤很轻。

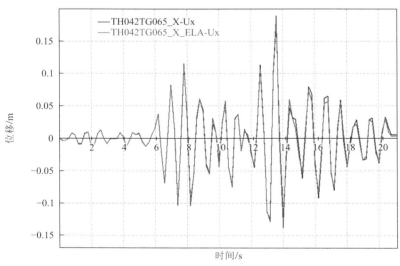

天然波 1

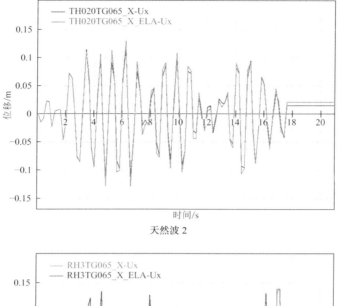

天然波 2

RH3TG065_X-Ux
RH3TG065_X_ELA-Ux

人工波

图 3.11-42　结构顶点位移时程曲线

（3）结构楼层剪力包络图见图 3.11-43。

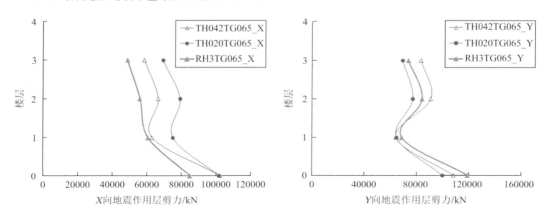

图 3.11-43　结构楼层剪力包络图

由计算结果（表 3.11-16）可知，随着地震输入能量增大，结构部分构件（主要为耗能构件）屈服，刚度退化，阻尼增大，弹塑性时程分析的基底剪力小于弹性时程分析结果，二者比值约为 0.91～0.99。

大震弹塑性和弹性分析最大基底剪力（单位：kN）　　表 3.11-16

地震波	主方向沿X轴			主方向沿Y轴		
	弹塑性	弹性	弹塑性/弹性	弹塑性	弹性	弹塑性/弹性
天然波 1	102321	104227	0.98	108324	111739	0.97
天然波 2	101543	103127	0.98	99754	109567	0.91
人工波	84858	84881	0.99	119057	121425	0.98

3）结构弹塑性层间位移角

大震弹塑性时程分析所得结构层间位移角：X向最大层间位移角 1/72（第 3 层），Y向最大层间位移角 1/81（第 3 层），均小于《抗规》第 5.5.5 条要求小于 1/50 的规定，满足"大震不倒"的抗震性能目标要求。

3.11.6.4 结构性能评估

本节主要依据 3.11.2 节的性能指标对结构构件进行性能评估，根据分析结果统计，以地震作用较大的天然波 1 的分析结果为例说明。

1）框架柱损伤情况

在地震作用下，钢管柱和钢管混凝土柱钢材"应变/屈服应变"比值 ε_0 分布情况如图 3.11-44 和图 3.11-45 所示，$\varepsilon_0 \geqslant 1$ 时表明构件发生屈服（图中显示为深红色）。从计算结果可知，地震作用下所有钢管柱均未屈服。钢管混凝土柱钢材应变/塑性应变小于 1.0，钢材未发生屈服。

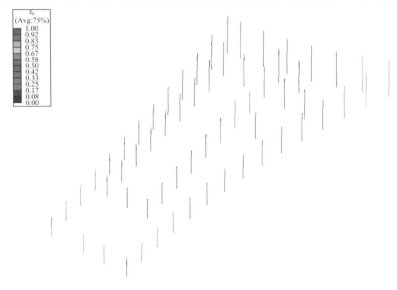

钢管柱

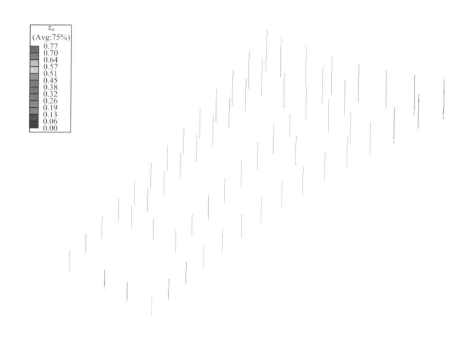

钢管混凝土柱

图 3.11-44　天然波 1 X向大震作用下框架柱钢材应变/屈服应变分布

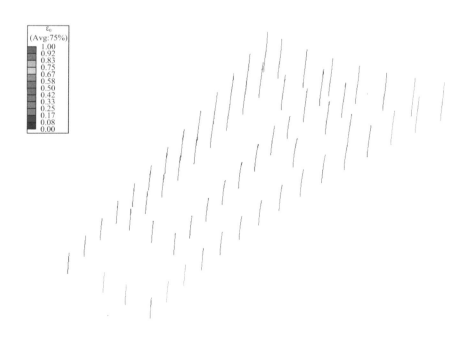

钢管柱

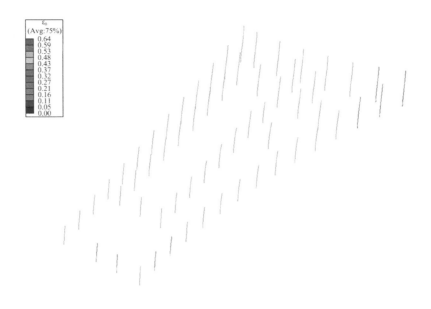

钢管混凝土柱

图 3.11-45　天然波 1　Y向大震作用下框架柱钢材应变/屈服应变分布

地震作用下钢管混凝土柱混凝土受压损伤因子D_c不大于 0.2，处于轻度损伤和无损伤之间。

2）框架梁损伤情况

在地震作用下，钢梁钢材"应变/屈服应变"比值ε_0分布情况如图 3.11-46 所示，$\varepsilon_0 \geqslant 1$时表明构件发生屈服（图中显示为深红色）。从计算结果可知，地震作用下部分钢梁发生屈服，框架梁最大受拉塑性应变约为 0.002，小于钢材极限应变 0.025，未发生破坏，满足大部分构件中等损坏但不破坏的性能目标要求。

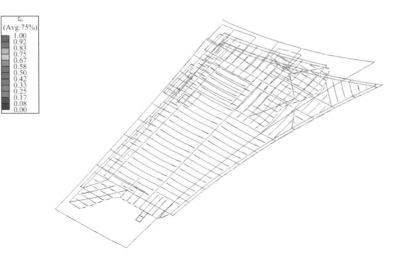

X向大震作用

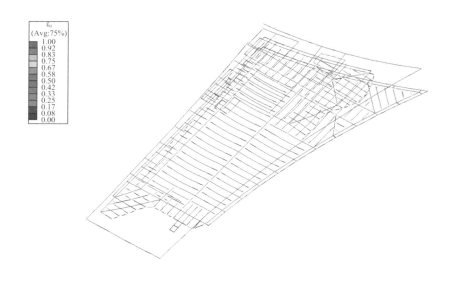

Y向大震作用

图 3.11-46　天然波 1　大震作用下框架梁钢材应变/屈服应变分布

3.11.6.5　弹塑性时程分析总结

结构在大震作用下的性能表现良好，没有受到严重的破坏，抗震性能水准可达到并稍高于《高钢规》第 3.8.1 条所述的性能水准 C 的水平，具体情况如下：

（1）**层间位移角**：X 向最大层间位移角 1/72（第 3 层），Y 向最大层间位移角 1/81（第 3 层），均小于《抗规》第 5.5.5 条要求小于 1/50 的规定，满足"大震不倒"的抗震性能目标要求。

（2）**框架柱**：地震作用下钢管柱不屈服，钢管混凝土柱钢材不屈服。钢管混凝土柱受压损伤因子 D_c 不大于 0.2，处于轻度损伤和无损伤之间。框架柱整体损伤较轻，钢管柱塑性发展程度较轻，具有较高的承载力储备。

（3）**框架梁**：地震作用下大部分钢梁发生屈服，框架梁最大受拉塑性应变约为 0.002，小于钢材极限应变 0.025，未发生破坏，满足大部分构件中等损坏但不破坏的性能目标要求。